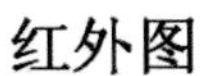

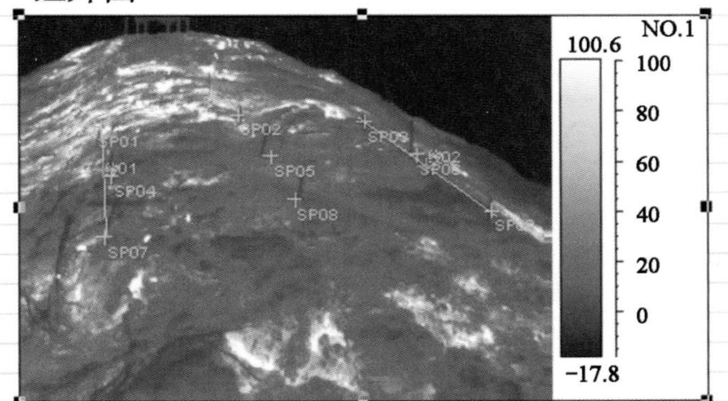

NO.1

摄像机信息	数值
摄像机型号	DL700C+
摄像机序列号	22700CD2008
扩展镜头情况	无扩展镜头
工作档位	-20.0 / 180.0℃
目标参数	**数值**
比辐射率	1.00
距离	10.00m
环境温度	9.9℃
湿度	70%

NO.1

100
50
0

线测温图
li01
li02

线 02	Max	Min	Crusor
线 01	72.0	17.2	50.4
线 02	51.8	17.5	33.8

NO.1

点分析	数值
SP01温度	89.4℃
SP02温度	44.8℃
SP03温度	21.1℃
SP04温度	26.1℃
SP05温度	39.7℃
SP06温度	31.1℃
SP07温度	44.4℃
SP08温度	32.7℃
SP09温度	30.8℃
线分析	**数值**
线01最高温度	72.0℃
线02最高温度	51.8℃

彩图 1　南坡温度数据分析情况

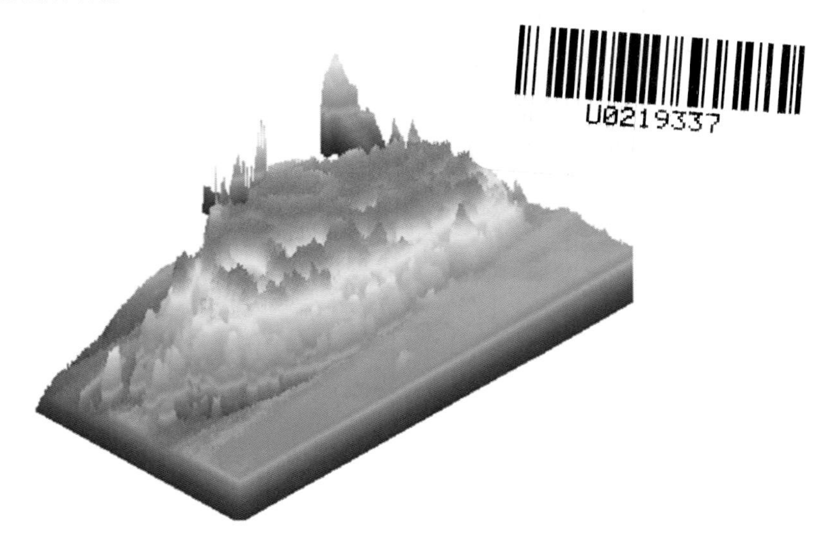

彩图 2　动态温度三维模型图

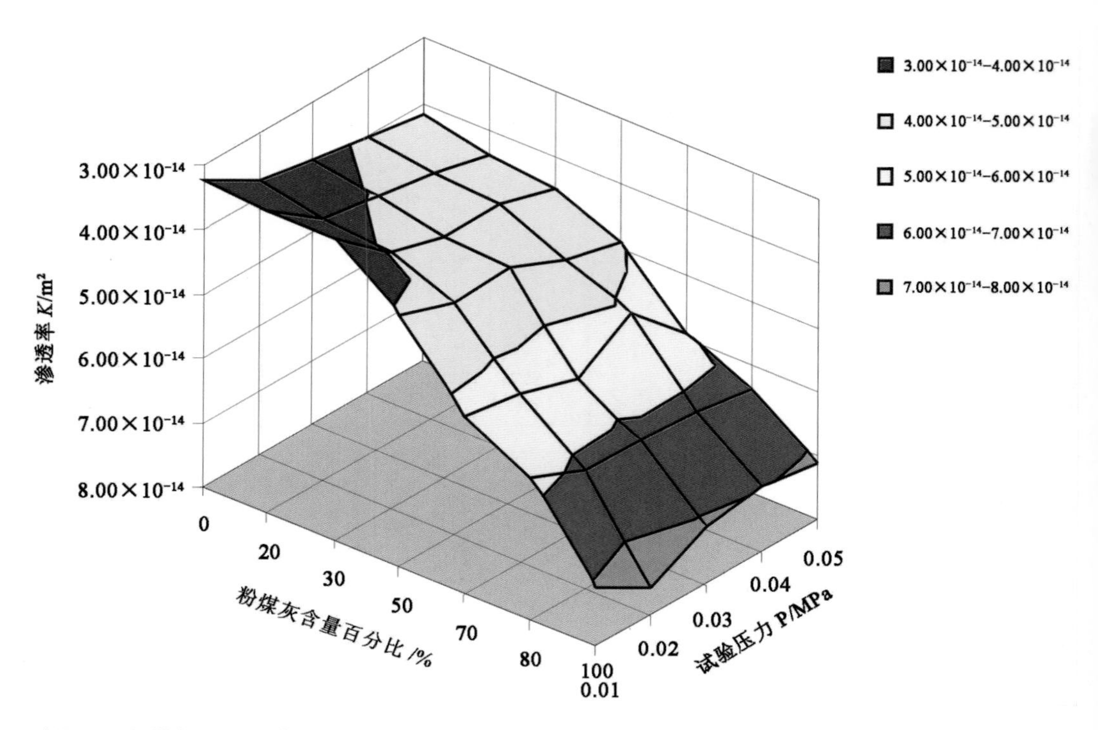

彩图 3　粉煤灰-粉土空气阻隔性变化曲面

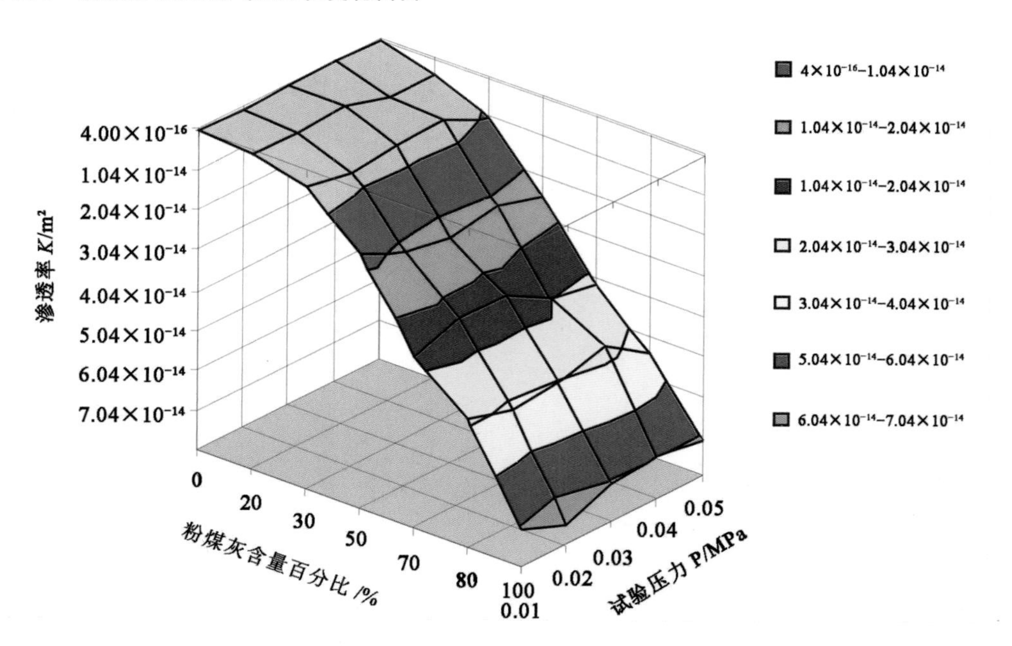

彩图 4　粉煤灰-粉黏空气阻隔性变化曲面

自燃煤矸石山
表面温度场测量及覆压阻燃试验研究

Temperature Field Survey for Coal Waste Pile with Spontaneous Combustion and the Experiments of Burning Inhibition by Covers and Compaction

陈胜华　著

中国农业大学出版社
· 北京 ·

内 容 简 介

自燃煤矸石山的综合治理是煤矿区土地复垦和生态环境修复的难点之一，其治理技术关键在于燃烧位置的确定及选择适宜的隔氧阻燃方法。本书针对煤矸石山的自燃防治，在前期探索煤矸石山地表温度场建立方法的基础上，联系实践，研究煤矸石山覆压阻燃技术。研究从构建有效隔氧阻燃隔离层入手，采用室内模拟、现场试验、数据分析及模型模拟等方法，运用土壤学、土力学、多孔介质渗流力学以及环境与岩土工程学等理论，对自燃煤矸石山覆土绿化实践中覆盖材料的选择、覆盖厚度的设计、煤矸石山碾压方法及碾压强度等进行了较系统的模拟试验及理论分析，最后给出了具有一定实用意义的覆盖层构型方案及碾压工程参数，为煤矸石山绿化现场工程实践提供指导，也为进一步探讨自燃煤矸石山的综合治理丰富试验数据和研究基础。

本书可作为从事煤矸石山综合治理研究与实践的科研人员、工程技术人员及管理人员的参考书，也可供土地、生态、环保及固废处置相关领域的有关人员参考使用。

图书在版编目(CIP)数据

自燃煤矸石山表面温度场测量及覆压阻燃试验研究/陈胜华著．—北京：中国农业大学出版社，2018.4

ISBN 978-7-5655-2015-0

Ⅰ.①自…　Ⅱ.①陈…　Ⅲ.①自然-煤矸石山-综合治理　Ⅳ.①TD824.8　②X322

中国版本图书馆 CIP 数据核字(2018)第 068326 号

书　　名　自燃煤矸石山表面温度场测量及覆压阻燃试验研究

作　　者　陈胜华　著

策划编辑　赵　中　李卫峰　　**责任编辑**　洪重光

封面设计　郑　川

出版发行　中国农业大学出版社

社　　址　北京市海淀区圆明园西路 2 号　　**邮政编码**　100193

电　　话　发行部 010-62818525,8625　　读者服务部 010-62732336

编辑部 010-62732617,2618　　出　版　部 010-62733440

网　　址　http://www.caupress.cn　　**E-mail**　cbsszs @ cau.edu.cn

经　　销　新华书店

印　　刷　涿州市星河印刷有限公司

版　　次　2018 年 6 月第 1 版　　2018 年 6 月第 1 次印刷

规　　格　787×980　　16 开本　　8.5 印张　　160 千字　　彩插 7

定　　价　45.00 元

图书如有质量问题本社发行部负责调换

前 言

自燃煤矸石山是矿区主要的污染源之一，对其进行综合治理一直是我国煤矿区土地复垦与生态环境治理的难点。虽然许多煤矿企业和科研单位针对煤矸石山的自燃防治做了不少工作，但迄今为止，我国自燃煤矸石山治理仍处于自发、自觉、无完整理论体系指导、无完整借鉴模式的治理阶段，实践中，凸显已有研究成果对实践指导不足、科研成果滞后于实践需要。而自发性的自燃煤矸石山治理实践，往往导致治理成本高、收效不理想。根据国内外已有经验，覆盖碾压法是目前较为有效的治理自燃煤矸石山的方法，但在我国缺乏有针对性的、系统深入的理论及试验研究，施工中，给出的施工方案往往借鉴的是其他工程的参数或以经验值做参考，使得自燃煤矸石山治理效果及成本难以把握，覆盖因大量用土需要征地，造成经济、环境极大的成本负担，施工过程中无针对性的工程规范及质量控制标准不统一，使得煤矸石山覆盖碾压工程不能有效实施且质量管理不到位，导致治理效果往往不理想，治理后复燃现象频频发生。

本项目研究针对煤矸石山自燃的防治，在前期探索煤矸石山地表温度场建立方法的基础上，基于已有成果并联系实践，重点研究煤矸石山覆压阻燃技术。研究从构建有效隔氧阻燃覆盖层入手，采用室内模拟、现场试验、数据分析及模型模拟等方法，运用土壤学、土力学、多孔介质渗流力学以及环境与岩土工程学等理论，对覆盖材料的选择、覆盖厚度的设计、煤矸石山碾压方法及碾压强度等进行了较系统的模拟试验及理论分析，最后给出了具有一定实用意义的覆盖层构型方案及碾压工程参数，为现场综合治理的工程实践提供指导，也为进一步探讨自燃煤矸石山的综合治理丰富试验数据和研究基础。

本书稿是作者于 2006 年 3 月至 2010 年 6 月于中国矿业大学土地复垦与生态重建研究所、矿山生态安全教育部工程研究中心攻读博士学位所做的研究成果，并在研究生毕业后将成果应用于山西阳泉煤矸石山治理实践中，实现了从实验室到现场的应用转化。项目在研期间得到国家高技术发展计划“863”项目“煤矿区典型重金属复合污染土壤的综合修复技术”(2006AA06Z355)的资金资助，实践应用转化中得到阳泉煤业(集团)有限责任公司“自燃煤矸石山生态恢复优化参数研究”(2012005109)的资金资助。在此，首先向我的导师——尊敬的胡振琪教授，表示衷心的感谢！感谢导师引领我走入煤矿区土地复垦这一研究领域，并且在他的悉心指导与鼓励下完成学位论文及相关项目的研究。感谢阳泉煤业(集团)有限责任公司的李美生、张勇、樊国成、柯天生、邢超、王小建、李荣等诸位的热情帮助和现场指导。中国矿业大学土地复垦与生态重建研究的师兄师姐、师弟师妹们，阳泉市建筑设计院何文丽高级实验师、山西工程技术学院实验室张峰以及我的一些学生，在项目研究中提供了许多帮助，在此，笔者一并表示衷心的感谢！

最后需要指出的是，本研究为自燃煤矸石山治理中构建有效隔氧阻燃覆盖层提供了一定的理论依据及试验思路，虽然给出了一些试验结果和可供参考的设计参数，但这仅仅是开始。自燃煤矸石山由于特殊的堆积结构及煤矸石不同的物理化学性质，导致了煤矸石山内部空气渗流、温度场及氧化自燃等物理化学变化的动态效应，因此，为达到煤矸石山防止自燃及综合治理的根本目标，笔者认为，就目前可行的覆盖法治理，尚需要进行大量理论及试验研究，如煤矸石山空气渗流场及温度场的研究；煤矸石山覆盖碾压工艺及参数的研究；自燃煤矸石山覆盖层长效性的研究等。由于作者水平有限，若有不妥之处，恳请同行和读者批评指正！

著　者

2018 年 3 月

目　　录

1 绪　论

1.1 问题提出及研究意义

采煤业是我国的基础工业，煤炭产量和消耗量多年一直位居世界之首。目前，全国已探明原煤储量约 1.5×10^{12} t，统计称，2008 年全国原煤产量约 26.9 亿 t，2009 年全国原煤产量约 30.5 亿 t，测算全年煤炭消费量约 30.2 亿 t。煤炭能源在对发展国民经济发挥着巨大推动作用、提供强劲能源的同时，其高强度开采也对煤矿区生态环境及可持续发展造成了严重影响，其中，煤炭生产和加工过程中产生的大量固体废弃物——煤矸石，年排放量占煤炭产量的 10%～20%，是目前我国排放量最大的工业固体废弃物，占全国工业固体废弃物排放总量的 40%以上，而且随着我国煤炭生产能力及经济发展对能源的需求递增，煤矸石的年排放量呈不断上升趋势。据不完全统计，全国目前煤矸石堆积量约 36 亿 t(每年还将增加 1.5 亿～2.0 亿 t)，占地总面积约 22 万 hm^2。长期露天堆积的煤矸石山是破坏煤矿区生态环境的主要污染源之一。煤矸石山不仅压占土地、影响生态环境及破坏自然景观，而且煤矸石中含有一定的可燃物，极易发生自燃，并排放二氧化硫、碳氧化物、氮氧化合物等有毒有害气体和烟尘，严重污染大气环境，并危及矿区居民的身体健康。

保护环境是我国的基本国策，随着国家环保执法力度不断加大、人们对环境质量要求的日益提高，煤矸石山环境污染问题不容忽视。基于目前我国煤矸石堆存量大、综合利用技术水平，不能大量消化煤矸石，尚不可能如美国等发达国家那样，大量消耗煤矸石甚至彻底铲除，因此，将煤矸石山作为废弃物污染场实施封闭并绿化，是对其进行综合环境治理的有效途径，也是煤矿区可持续发展的重要保障。而由于煤矸石山特殊的堆积形式及煤矸石的高含硫、含碳量，露天堆积的煤矸石山极易自燃，从而给煤矸石山实施综合治理带来许多限制因素和技术难题。

根据煤矸石山的自燃状况，分为不自燃煤矸石山、正在自燃煤矸石山和有自燃潜能的煤矸石山三类。不自燃煤矸石山的治理，全国已积累了大量的煤矸石山绿化造林经验，迄今在全国已成功绿化了十几座煤矸石山；正在自燃的或具有自燃潜能的煤矸石山，国内对其进行治理的实践和相关研究报道，多集中于注浆灭火，该技术适于在煤矸石山发火区或高温区实施，属于“点式”防灭火技术，不可能在煤矸石山大面积铺开实施治理。而对具有自燃潜能、尚未严重升温着火的煤矸石山，如何防患于未然、采取措施积极预防着火，从而保证煤矸石山综合治理的效果，理论研究在这方面凸显的问题，即已有研究成果对实践的指导不足、科研成果滞后于实践需要，某些矿区进行的综合治理或因表层植被生长不好未能达到污染治理的目标，或因煤矸石自燃导致绿化成果功亏一篑。因此，煤矸石山防自燃一直是我国煤矸石山综合治理的难点，亟待深入理论研究和探索实践。

实践与研究表明，煤矸石山自燃时，采用碱性浆液深部注浆和表面覆盖惰性材料相结合的方法可有效灭火。但该方法不能从根本上改变煤矸石山的自燃倾向，事实证明，治理效果不理想且复燃频发（如 20 世纪 90 年代阳泉自燃煤矸石山的灭火及治理实践）。近几年，某些矿区也在有自燃潜能的煤矸石山进行了综合治理实践，如宁夏一选煤厂煤矸石山，采用推平矸石并直接覆盖 1 m 土壤的办法进行绿化，在顶部实现了绿化但边坡处仍出现大面积的自燃。阳煤集团 20 世纪 90 年代在五矿新堆积的尚未自燃的煤矸石山覆盖厚层黄土（1～2 m）进行绿化，两三年后自边坡开始频发自燃，2005 年该公司又投入大量财力物力，对一座洗煤厂的煤矸石山进行综合治理实验，采用覆盖厚层黄土（0.8～1.2 m）然后全面绿化的方法，但一年后覆盖的土壤上出现了自燃烟雾和酸化特征。所以对煤矸石山实施综合治理，灭火后应采取合理的覆盖方式及实施工艺，保证其空气隔离效果满足煤矸石山自燃防止的要求，有效防止煤矸石山复燃，从而达到治理环境污染和巩固防灭火成果的目标；对于尚未自燃但具有自燃潜能的煤矸石山，也必须采取防自燃措施，比如温度监测或及早探明煤矸石山内部着火点或高温区，以便及早采取应对措施，避免着火或火区扩大，以保证煤矸石山综合治理的长效性并控制煤矸石山的环境污染。显然，目前已有研究成果对实践的指导不足，科研成果滞后于实践需要，有大量工作要做，这些不足为本文的理论分析和研究提供了广阔空间。因此，研究和分析煤矸石山自燃防治的有关理论及技术工艺，对实现自燃煤矸石山的环境修复、达到系统有效治理环境污染的目的具有非常重要的现实意义。

基于此，本文首先研究自燃煤矸石山温度场的测量方法，其次对有效构建具有隔氧阻燃效果的覆盖层进行系统试验和理论研究。在分析覆盖层阻燃原理及其主要物理特性如空气阻隔性能、压实特征的基础上，结合煤矸石山现场，对覆盖材料的选择、覆盖厚度及碾压强度等进行了较系统的模拟试验研究，并给出具有一定参考价值的试验参数及理论分析。因此，本研究既有一定的学术价值，又可以为我国自燃及高硫或酸性煤矸石山的综合治理与植被恢复提供理论依据，对我国煤矿区生态环境治理具有重要的现实意义。

1.2 煤矸石山的自燃及危害

煤矸石山(coal waste pile)多是无专门设计人工堆垫地貌，露天堆积过程中，由于煤矸石中含有大量可燃物质及其特殊的堆积结构，极易自燃。

所谓的煤矸石山自燃，是指在低温环境下，煤矸石与空气中的氧不断发生氧化作用(包括物理吸附、化学吸附及氧化反应)，产生微小热量，当产生热量的速度超过热量向外界散发的速度时，热量将不断积聚，使得煤矸石山的温度缓慢而持续上升，当达到煤矸石自行燃烧的最低温度时，煤矸石发生燃烧。该现象和过程即称为煤矸石山自燃，也称煤矸石山自燃发火。

1.2.1 煤矸石山发生自燃的条件

煤矸石山从常温状态转变到燃烧状态，其间氧化过程不仅受煤矸石的物理化学性质所影响，也与煤矸石山堆积方式及所处的自然环境有关。研究表明，煤矸石山发生自燃必须同时具备三个条件：

(1)煤矸石含有足够的可燃物质，常温条件下，煤矸石与空气中的氧气有良好的结合能力。

(2)煤矸石山有良好的空气流通通道，能得到充分氧气供应，以保证煤矸石低温氧化反应持续进行。

(3)煤矸石山有良好的蓄热条件。当低温氧化反应放出的热量不能及时消散于周围环境中，就会导致煤矸石山局部升温，若煤矸石中有足够的可燃物，且仍能得到充分的氧气供应，且环境温度的升高又促使煤矸石加速氧化反应，当煤矸石达到临界温度(80～90℃)后，氧化反应的速度迅速提高，煤矸石很快由自热状态进入自燃状态。

同时，煤矸石山往往含有大量的煤和可燃杂物，而且含一定量的硫化铁，从而为煤矸石山的自燃提供了物质基础(表 1.1)；人为堆积的煤矸石山，结构疏松，而且因各种物化作用，使得煤矸石山表面往往有许多大的裂缝，空气容易渗入煤矸石山内部并吸附潜伏；此外，我国目前常用的排矸方式堆积形成的煤矸石山，有“烟囱效应”。

所以，煤矸石山自燃的危险性由内因和外因决定，内因取决于煤矸石自身氧化放热性能的强弱。

表 1.1 阳泉煤矸石的发热量与含硫量

Table 1.1 Calorific value and sulfur content of coal gangue in Yangquan

样品来源		一矿	二矿	三矿	四矿	五矿
采掘矸	发热量 Q/(J/g)	2 967.9	3 746.5	2 528.3	6 423.4	—
	FeS_2/%	0.90	0.56	1.71	1.21	—
洗选矸	发热量 Q/(J/g)	7 846	6 120	11 926	8 920	5 175
	C/%	20.56	15.54	30.32	24.09	12.38
	FeS_2/%	6.92	6.04	2.12	6.29	7.46

1.2.2 煤矸石山自燃的特点

煤矸石山是由大量颗粒状煤矸石堆积形成的，根据其堆积形状、矸石粒级等特点，煤矸石山自燃具有如下特点[57－66]：

(1)燃烧时间长，燃烧面积大、分布广。

(2)煤矸石中硫化铁的含量很高，大量的硫化铁氧化燃烧并蓄热造成燃烧中心温度很高。

(3)煤矸石山具有一般大体积多孔床燃烧的特点。

床内存在燃烧区、燃尽区、预热区和非燃区，最高温度位于燃烧区，燃尽区不断扩大，燃烧带不断转移和扩展放出更多的热量，燃烧强度不断增强；整个燃烧过程不是由化学反应控制的，而是由供氧速度控制的，许多情况下处于阴燃状态；燃烧带在多孔床的位置取决于产热和散热速率之间的平衡，只有产热速率等于或大于散热速率时，燃烧才可能维持并蔓延；燃烧区总是向新鲜空气进入方向发展；多孔床深部氧气的供应，或靠分子扩散，或靠空气对流。

(4)煤矸石山燃烧又具有不同于多孔床的一些特点。

燃烧发展过程十分缓慢，燃烧厚度比多孔床大，燃烧区域初期具有不连续性；燃烧火区的转移和扩大主要靠火焰或阴燃传播以及热气流传播等。

综合分析，煤矸石山自燃具有两个特殊性：一是从煤矸石山内部先燃烧；二是属于不完全燃烧。

1.2.3 煤矸石山自燃的环境、社会问题

煤矸石山是矿区主要的污染源之一。露天堆放经长期风化、淋溶、氧化自燃等物理化学作用，对矿区以及周边环境造成严重的生态破坏与环境污染，导致诸多的社会问题和环境问题，具体表现为压占土地及土地生产力下降、污染大气环境、土壤及水体环境、破坏景观、辐射人体以及危害人身安全等方面，尤其是自燃煤矸石山危害更大(图 1.1)。煤矸石中含有的大量煤屑和硫分，因其特殊堆积结构露天堆放极易氧化，经雨水淋溶形成含有有害重金属离子的酸性水渗透到地下，严重污染矿区和周边环境的地表水、地下水以及土壤[3,5,9]。煤矸石氧化时蓄积热量到一定温度引发煤矸石山自燃，产生大量扬尘并释放 CO、SO_2、H_2S 和氮氧化合物等有毒有害气体，使周围地区常常尘雾蒙蒙，并导致酸雨形成；排放的 SO_2 和 H_2S 气体使该地区呼吸道疾病发病率明显高于其他地区，且这些地区大都是癌症高发区，严重危害居民身体健康甚至生命，对农业、畜牧业也带来严重后果，使农作物枯萎或减产，甚至颗粒无收。国外有研究报道，中国煤炭、煤矸石自燃所产生的有毒气体量是美国汽车尾气和工业废气量的总和。煤矸石山自燃还容易引发崩塌和滑坡、泥石流、爆炸等地质灾害，世界上最严重的事件是英国 Aberfan 附近的煤矸石山滑坡曾经导致 144 人丧生；20 世纪 70 年代发生于美国西弗吉尼亚州法罗山谷的煤矸石泥石流灾害造成 116 人死亡，几百人受伤，546 间房屋和 1 000 多辆汽车被毁，4 000 多人无家可归；在我国，每年都有因煤矸石山地质灾害造成人员伤亡和财产损失的报道，20 世纪 80 年代以来发生大小煤矸石山爆炸事故 50 多起，导致 100

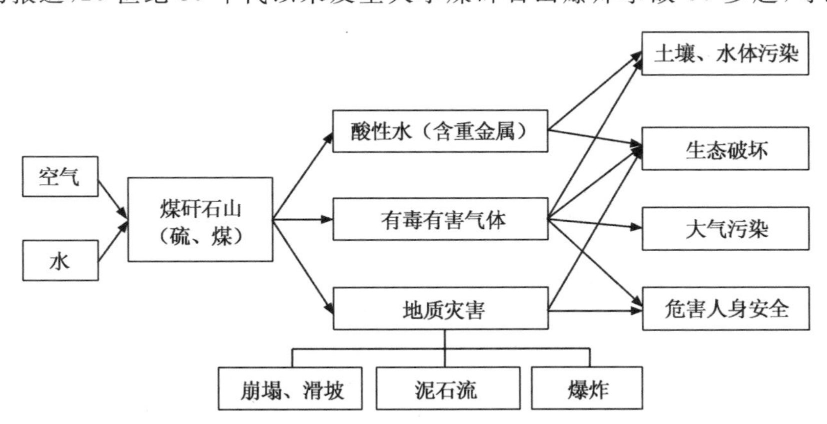

图 1.1 自燃煤矸石山的物化作用及环境问题

Fig. 1.1 Physical chemistry effect and environmental problem of coal waste pile

多人死亡，2004年重庆万盛煤矸石山自燃爆炸产生滑坡，造成重大的人员财产损失，2005年平顶山煤业集团四矿矸石山突发自燃崩塌，造成8人死亡，18间居民房被冲毁。据不完全统计，我国每年发生的煤矸石山爆炸事故所造成的损失高达数亿元[9,35]。

所以，露天堆放的煤矸石山，对其进行利用和处置是煤矿区生态环境治理与可持续发展中的首要问题。而目前技术条件下，尽管煤矸石具有多种利用途径和方法，比如用作燃料或充填材料、用来生产建筑材料或制取化工产品，但由于受资源性质、经济条件、技术设备以及市场变化的影响，目前我国煤矸石的利用率不到30%，大多数煤矸石还在堆积，新的煤矸石山仍不断涌现，因此，煤矸石山综合治理就成为我国目前治理煤矸石山和解决矿区环境问题的最有效途径，而自燃或有自燃潜力的煤矸石山，应首要考虑灭火、防火，然后采取绿化等措施进行综合治理。

1.3 国内外相关研究综述

1.3.1 煤矸石山自燃机理及防治技术的研究

1.3.1.1 煤矸石山自燃机理的研究

研究煤矸石山自燃机理，主要是对煤矸石的自燃过程和自燃时表现的宏观特性和微观变化进行合理的解释。19世纪末期各国科学家开始对煤矸石自燃发火进行研究，目前人们对煤矸石中黄铁矿的低温氧化理论已达成共识，但是对煤矸石的低温氧化自燃机理存在争议，主要论点有：黄铁矿氧化学说、煤氧化复合作用自燃学说、细菌作用学说、自由基作用学说和挥发分学说等（Robertson 等，1999），其中黄铁矿氧化学说最早由英国人 Plot 与 Berzelius 于17世纪提出并应用于煤自燃发火机理的研究，目前较广泛应用于煤矸石山自燃发火机理的研究。研究表明煤矸石中的黄铁矿（FeS_2）具有较强的还原性，在低温下无论在干燥和潮湿的环境中均易与空气中的氧气发生一系列的氧化还原反应，并释放出大量的热量，在散热环境不良的煤矸石山内部必然导致热量的不断积聚，使其内部温度升高，在某一局部达到一定温度后，引起矸石中的煤和可燃物燃烧。在自燃发火防治理论方面，前东欧尤其是波兰学者的研究成果代表国际领先水平，波兰学者 Marian Branny 等在20世纪90年代将采空区渗流、弥散、低温氧化以及热传导等过程联系起来进行研究，并初步形成了采空区自燃发火数学模型的雏形。在我国，刘剑(1999)以多孔介质流体动力学理论为指针提出了采空区自燃发火数学模型。徐精彩(1989)用热平衡法建立了一些煤矸石山自燃方面的理论数学模型。黄晓三(1999)等认为煤矸石山具有一般大体积多孔床燃烧的特点，又具有一些自己的特点：燃烧发展过程十分缓慢，燃烧厚度比多孔床大，燃烧区域初期具有不连续性；燃烧火区的转移和扩大主要靠火焰或阴燃传播以及热气流传播等。贾宝山(2001)研究了煤矸石山自燃的影响因素(硫铁矿含量、水分的影响、矸石粒径及温度等)及燃烧特点，应用多孔介质渗流理论建立了评价煤矸石山自燃发火的数学模型，解析了煤矸石山内气体流动状态，论证了当煤矸石堆中气流速度小于 4.4×10^{-5} m/s 后，一般的煤矸石不会发生自燃(此时对应的煤矸石堆渗透率为 2×10^{-10} m^2)，初步研究了黄土覆盖并碾压具有一定的封闭效果，提出覆盖 20 cm 厚的黄土进行碾压可达到封闭效果，但研究欠系统，与实践应用有所出入。黄文章(2004)通过室内实验，研究和提出了用于注浆灭火的高聚物和表面活性剂组成聚合物乳液阻化剂，能够有效阻止煤的自由基复合氧化作用并能有效延缓挥发分的析出等，并对添加了自燃阻化剂和封闭剂的泥浆进行阶段性、区域性注浆灭火的治理施工方案进行科学探讨。陈永峰(2004)通过对煤矸石堆中氧的传输机理进行分析，阐明矸石自热时主要由分子扩散及对流提供所需的氧气，其中对流又分为由自然风引起的自然对流及由煤矸石山外部温度不同引起的热对流，煤矸石堆的空隙率对这三种氧气传输方式都有很大影响。

1.3.1.2 煤矸石山自燃防治技术的研究

对于防止煤矸石山自燃的研究，国内外主要从消除内因与外因两方面入手：①煤矸石堆积前回收其中的黄铁矿和煤；②改变煤矸石山的供氧蓄热条件。前者主要通过人工挑拣或机械洗选来实现，后者则主要通过改变煤矸石的堆积条件来实现。

煤矸石一般含有 10%～20%的可燃物质(主要是煤和碳质页岩)和能够在常温下氧化发热的黄铁矿，在堆放之前加以回收，不仅彻底消除煤矸石山自燃的物质基础——内因，而且能够产生一定的经济效益。受条件限制无法消除内因时，可采取第二种措施达到防止自燃的目的。国外主要采煤国家如苏联和美国，认为改变煤矸石的排放工艺是最有效的办法，提出了“分层压实、覆土封闭”的方法，采取的做法是：将矸石分层堆放，用推土机和压路机压实，在各矸石层(层厚 0.3～0.5 m)之间加一层黏土(厚 0.3 m)，在矸石场周边加黏土层，厚 0.2～0.3 m。该方法还设计了高效喷射黏土装置，可快速在矸石表面形成密实的黏土覆盖层。美国采用的做法是将矸石用推土机推平、压实，每 5 m 厚的矸石层上覆盖厚 50 cm 的填土，这样一层矸石、一层土交替堆置，矸石堆的边坡也覆盖土壤，随着矸石堆的增高在已覆盖的边坡种植植物，最后煤矸石堆的顶面也用土覆盖，并种植植被作为保护层。我国在 20 世纪末也提出一些新的排矸方式，钱玉山和刘守维(1998)提出了"小堆重积"或"小堆薄层压实"的堆放方法；张策(1998)提出在煤矸石堆积前对堆场进行密封防渗处理，然后进行分层堆放，边堆放边压实，在堆放第二层的同时，对第一层的边坡进行覆土绿化，整个煤矸石山形成后，整体覆土封顶，进行绿化或耕种；山西阳泉矿区提出了"自下而上、分层排放、缩小凌空、周边覆盖"的十六字排新矸工艺，以有效防止新起堆煤矸石山的自燃，但由于经济及其他客观原因，新的排矸工艺并未彻底贯彻执行。

另外，在防止煤矸石山自燃方面，国外 20 世纪 80 年代开始研究使用杀菌剂、还原菌和添加碱性材料来抑制煤矸石中硫铁矿的氧化，从而达到控制污染和防治自燃的目的。国内也有矿区在矸石山进行了覆盖污泥、生活垃圾以及石灰、粉煤灰等小规模实践，但缺少理论研究支持，经验无法推广。最近也有研究利用微生物脱硫技术解决煤矸石中硫的问题，但该方法首先需要研究符合我国技术力量背景的煤矸石脱硫工艺，否则容易造成二次污染，目前难以实施和推广。

1.3.2 覆盖碾压法在固体废弃物处置中的运用

固体废弃物在进行填埋处置过程中，常采取人工防渗措施，如垃圾填埋场采用防渗材料构成覆盖层，以阻断固体废物与外界环境的空气、水等物质交换途径及由此产生的化学反应，是固体废弃物填埋场最重要的组成部分。隔离措施主要有黏土碾压形成的防渗层和土工合成材料如土工膜[8,19,47]。

许多土壤天然具有低渗透性，如黏土状的土壤就是天然的防渗材料。由于黏土矿物的微小颗粒和表面化学特性，环境里的黏土堆积物极大地限制了水分迁移的速率。天然的黏土堆积物有时候被用作填埋场防渗层，但对于多数废弃物的填埋场，黏土覆盖层的构建多是通过添加水分和机械压实改变黏土结构来实现黏土的最佳工程特性而实现其隔离效果的[7,8,11,107,150]。

治理自燃煤矸石山，覆盖碾压法也一直是国内外采用的主要方法，即将黄土等惰性物质覆盖在煤矸石山表面，以隔绝空气防止自燃。具体实施常采用"分层压实，表面封闭" 的方法(图 1.2)。常见的用来大面积隔离煤矸石堆和外界的覆盖材料，主要是黄土，也有矿区用粉煤灰、石灰石等碱性材料包裹高温矸石、进行灭火实践的记载。

但运用该方法存在很多问题，据统计，美国治理自燃矸石山的成功率不足

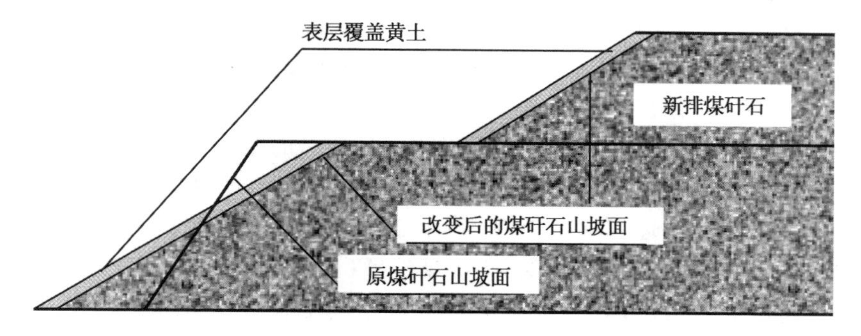

图 1.2　煤矸石山“分层压实、表面封闭”的处置方法

Fig. 1.2　Disposal method for coal waste pile-“layered compacting, surface sealing”

40%，我国各地已灭火成功的煤矸石山也往往出现复燃现象，前功尽弃。分析原因，其中最主要是，方案设计工艺参数的制订缺乏理论依据，现场操作仅凭经验从而影响灭火效果。另外，对于已发生自燃的煤矸石山，若矸石温度过高，原先已覆盖压实的致密黄土，在高温烘烤下，所含水分蒸发，黄土颗粒间失去黏结力，会很快变干变松并产生裂缝，最终导致封闭失败。同样，对于覆土封闭而未绿化的煤矸石山，覆盖黄土也会经雨水侵蚀、风吹日晒，一段时间后也会慢慢变得松散、透气并出现干裂，使得覆盖层的密闭功能失效，影响煤矸石山的治理效果。事实上，早在 20 世纪 80 年代，有些国家已经实践证明，简单覆盖黄土不能有效阻止煤矸石山内部硫铁矿氧化及自燃的发生，需要进行方案研究和设计。

阳泉煤业集团在 20 世纪 90 年代，采取“黄土覆盖、分层碾压、打孔注浆”等措施，对自燃煤矸石山进行了大规模的灭火治理，有效遏制了煤矸石山的自燃趋势蔓延问题，但几年后，治理过的煤矸石山又相继出现复燃问题。近年来，该企业又提出了“放缓坡度，分层碾压、覆土绿化”的工艺，对退役煤矸石山进行生态恢复，同时，对于新排矸石，要求按照“由下向上，缩小凌空，分层压实，周边覆盖”的排矸工艺，以防止发生自燃。而这些方案能否有效实施，需要联系实际进行系统试验和分析，给出适宜的工艺设计参数及质量控制标准等。

1.4　存在的问题及分析

据不完全统计，目前我国正在自燃或有自燃潜能的煤矸石山，仅国有煤矿就有 400 多座，多集中于黄河中上游一带，如宁夏、内蒙古、陕西、山西和河南。

目前，在自燃煤矸石山治理中最常用的覆盖材料是黄土，某些矿区也曾自发性地尝试将粉煤灰、石灰石、污泥等直接覆于煤矸石山表面（如阳泉、晋城等矿区），但实践中存在许多问题。譬如，施工中对覆盖材料的选择、覆盖厚度的设计，缺乏可靠的、有针对性的研究成果作指导，给出的施工方案往往借鉴的是其他工程的参数或以经验值做参考，使得自燃煤矸石山治理效果及成本难以把握，甚至达不到预期的治理目标。实践中，由于工程参数选择失误而导致治理不到一年的煤矸石山即频频复燃的现象，屡见不鲜（如阳泉、潞安）[39,114]。究其原因，目前国内在煤矸石山治理中，有关覆盖材料及其工程应用方面的理论及试验研究都相对较少，而覆盖材料的优选、合理施工，是保障自燃煤矸石山覆盖层阻氧隔燃效果的关键所在，不仅关系到自燃煤矸石山治理成败与否，也涉及治理工程的经济、环境成本。

在自燃煤矸石山治理覆土压实方面，各地煤矿区也进行了实践，但由于缺乏针对性的理论研究成果及工程试验研究较少，各地煤矸石山治理中实施压实工程采用的压实方法、工程设计及压实质量控制，多是借用其他工程项目的经验及参数，实用性较差。实践中凸显的问题有，煤矸石山治理中，压实工程的实施无可行的施工标准，压实质量的控制无实用可行的指标，从而导致煤矸石山治理投入大、成效差。这是因为煤矸石山有其特殊的地形条件和施工环境，如坡面长、倾斜度大、机械施工条件差等，所以，有效实施碾压难度较大，且覆土层直接摊铺于堆积疏松的煤矸石上，其基层刚性差，这在一定程度上影响碾压效果。因此，需要研究煤矸石山构建覆盖层相关的碾压方法及参数，如碾压遍数、铺土厚度及质量控制标准等，为煤矸石山治理提供科学的试验数据及参数设计思路。

综合分析，自燃煤矸石山治理在我国总体上实践多，但系统理论研究较少，而各地煤矸石山治理条件及制约因素又千差万别，因此，自燃煤矸石山的治理目前在我国总体上仍处于自发、自觉、无完整理论体系指导、无完整借鉴模式的治理阶段。施工作业多是凭经验、凭认识去操纵，很难保证工程质量。根据国内外已有经验，覆盖碾压法是目前较为有效的治理自燃煤矸石山的方法，但在我国目前呈现的状态是：借鉴国外经验提出了治理方案，如借鉴苏联的“分层压实、覆土封闭”，但令行辄止难以贯彻执行，一方面是经济投入与环境管理的漏洞，另一方面是没有结合实际对该方案进行系统研究，施工中因为没有可遵循的适宜的工程规范和完善的质量控制标准，治理效果往往不理想，治理后复燃现象比比皆是。另外，根据煤矸石山发火机理分析，煤矸石山着火多是从内部缓慢燃烧，火区逐渐蔓延至表层，因此建立煤矸石山温度场，为探明煤矸石山深部火区或高温区并及早采取应对措施提供温度及空间信息，也是治理自燃的一个关键内容。所以，自燃煤矸石山的防治，建立温度场及实施覆土碾压工程是有效及可行措施，目前存在的空白及不足亟待加强系统研究，为实践提供有效理论依据。

1.5 研究内容和技术路线

1.5.1 研究内容

本文基于已有的煤矸石山自燃防治技术的研究成果及实践，结合某矿区典型自燃矸石山的具体情况，首先运用红外技术与全站仪空间测量技术结合的方法，探索煤矸石山温度场的建立，以温度作为煤矸石山治理方案设计的关键因子，以隔氧防燃作为主控目标，运用土壤学、土壤物理学、土力学、多孔介质流体力学以及数据统计学等理论，研究在自燃煤矸石山建立有效阻隔空气的覆盖层以防止煤矸石山自燃，重点研究覆压阻燃的有关工程参数，如覆盖材料的选择、覆盖厚度、压实强度及碾压参数的设计。通过室内力学试验、空气渗透模拟试验、现场碾压试验和数学分析等手段，本着就地取材、废物利用、经济节约等原则，选定粉土、粉质黏土及粉煤灰作为覆盖层材料，研究自燃煤矸石山绿化中覆盖层的材料组成、空气阻隔性能及压实特征等物理特性，并推演合理的覆土厚度以保证覆盖层的阻燃效果，同时通过室内室外力学实验，研究和分析碾压工程的设计参数。研究最后给出具有一定参考价值的覆盖方案及碾压参数，为自燃煤矸石山构建有效覆盖层以隔氧阻燃提供了一定的试验参数和研究方法。

研究内容由以下部分组成：

(1)探索自燃煤矸石山温度场的测定方法；

(2)分析自燃煤矸石山覆压阻燃原理；

(3)研制一套覆压阻燃效果测试的设备；

(4)研究覆盖材料的空气阻隔性，优选覆盖材料并推演其理想覆盖厚度；

(5)研究煤矸石山压实阻燃方法，给出适宜的碾压参数。

本研究的重点在于，提出并研制一种用于室内模拟测试自燃煤矸石山覆盖层阻燃效果的方法和设备，针对煤矸石山覆压阻燃效果进行较系统的试验研究和理论分析，拟从构建有效隔氧阻燃覆盖层入手，涉及覆盖材料的选择、覆盖厚度的设计及现场碾压参数的选定等方面，然后综合分析试验结果并理论联系实践，研究给出一些有效且经济合理的可行性方案，从而为煤矸石山构建有效覆盖层、隔氧阻燃以防止自燃提供一定的试验思路和方法，也进一步丰富煤矸石山综合治理的理论研究体系。

1.5.2 研究方法

本研究基于已有成果，联系实践，采用室内模拟、现场试验、数据分析及模型模拟等方法，运用土壤学、土力学、多孔介质流体力学以及环境与岩土工程学等理论，研究在自燃煤矸石山构建可防止自燃的覆盖层，对覆盖材料的选择、覆盖厚度及碾压方法等进行系统研究，给出具有一定实用意义的覆盖层构型方案及碾压工程参数，为现场综合治理的工程实践提供指导，也为进一步探讨自燃煤矸石山综合治理提供理论研究依据。

1.5.3 技术路线

(1)文献资料研究与调查：研究国内外治理矿业废弃地的实践与成果，特别对我国煤矸石山防灭火的科研成果及实践进行调查研究。

(2)研究煤矸石山温度场的测量模式，为温度监测、高温及着火区预计及煤矸石山治理工程提供空间信息。

(3)分析煤矸石山自燃防止及综合治理的要求，分析有效隔氧阻燃覆盖层的构建原理及可行性，以及以满足煤矸石防自燃对覆盖层空气阻隔性能的要求。

(4)研究自燃煤矸石山覆压阻燃效果的检测方法。

(5)自燃煤矸石山覆盖阻燃试验研究。①筛选覆盖层的构成材料：通过测试不同单一及混合材料的空气阻隔性，给出评价不同覆盖材料阻隔性的量化指标，并本着节约土源、废物利用、环境效益与经济效益并存的目标，研究粉煤灰作为覆盖材料在自燃煤矸石山治理中的应用，最后给出粉煤灰与一般土的合理配比方案；②推演覆盖层厚度：根据自燃煤矸石山治理对覆盖层隔氧阻燃功能的要求，分析几种材料用于覆盖层必需的覆盖厚度；③结合实际，优选合理覆盖方案。

(6)自燃煤矸石山压实阻燃试验研究。①室内试验：测定碾压材料的界限含水率、一维压缩特性及压实特性，研究自燃煤矸石山覆盖用碾压材料的压缩、压实特性；②室内模拟试验：通过测试不同压实功能作用下试样的空气阻隔性，分析压实强度对阻燃效果的影响规律；③野外碾压实验：结合某煤矸石山治理现场碾压工具及碾压条件，进行野外碾压实验，研究现场碾压的压实效果，并给出有一定参考价值的碾压参数。

具体技术路线如图 1.3 所示。

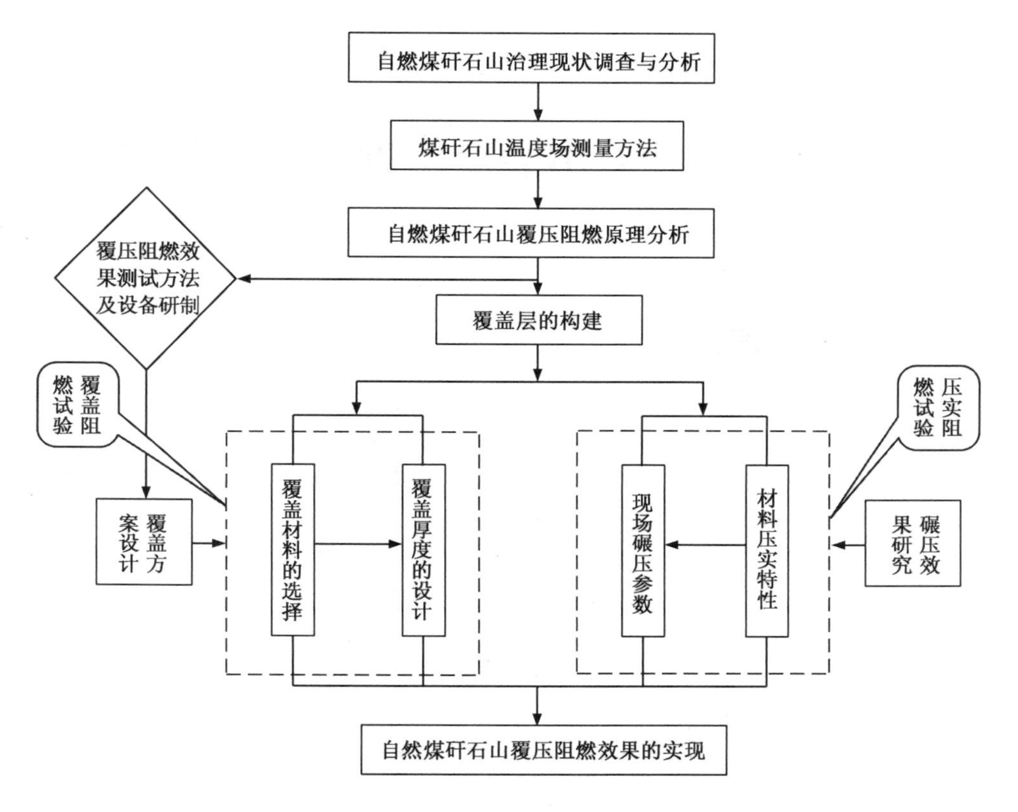

图 1.3 技术路线图

Fig. 1.3 Frame of technological route of the research

1.6 小结

阐述了自燃煤矸石山治理的研究背景及意义，综合分析了国内外该领域的研究现状及实践中存在的问题。指出覆盖碾压法是目前煤矸石山自燃防止的有效途径，并指出国内目前实践中该方面的理论研究不足之处，进一步确立本研究的目标及内容，并介绍了拟定的研究方法和技术路线。

2 自燃煤矸石山表面温度场测量技术

2.1 问题的提出

自燃煤矸石山对环境的危害和存在的环境风险很大，因此，自燃煤矸石山的治理已经成为当前研究的热点。对自燃矸石山的治理关键是探明内部着火点或高温区，以便采取相应的灭火和阻燃应对措施，达到防治的目的。

国内外对煤燃烧和硫化矿石燃烧的研究表明，燃烧主要表征参数是温度[112,118,119]，因此，利用温度的探测确定着火的位置是合适的。红外测温属于非接触测温的一种方法，通过对物体自身辐射的红外能量的测量来测定其表面温度，在生产加工、电力、医学、消防等方面都有广泛的应用；对煤田火灾的红外监测，因煤田面积大，目前一般采用航空和航天红外遥感，但由于感应精度低，这种红外监测手段对监测小面积的煤矸石山自燃则不适用。尽管对着火煤矸石山深部位置的探测是一个尚未解决的难题，红外技术也无法探测深部的着火情况，但表面温度场的探测相对来说是可行的。地面红外热像仪可以获取表面的温度参数，但红外热像仪像幅小与相对大的煤矸石山体的矛盾以及如何确定各温度点的空间位置仍然是尚未解决的难题。因此，本研究试图利用地面红外探测设备与测绘技术的集成解决煤矸石山的表面温度场测量问题。

2.2 自燃煤矸石山表面温度场测量原理与方法

2.2.1 基本原理

自燃煤矸石山表面温度场测量基本原理是利用红外热像仪测量表面温度，利用测绘技术确定温度成像中若干标志点的空间位置信息，从而将各个温度成像中的任意一点温度与空间坐标信息一一对应起来，就构成自燃煤矸石山表面的温度场，即煤矸石山四维监测信息（三维坐标＋温度），将四维信息集于一体便于更高效、迅捷、整体地对煤矸石山进行监测。

（1）红外测温原理：根据红外成像仪的像幅大小，结合煤矸石山地貌特点，将煤矸石山划分成若干区域，并在每一像幅内设立若干标志点作为空间位置信息的测量使用。为保证精度，各区域边缘保证10%的重合率。

主要原理：一切温度高于热力学零度的物体都在以电磁波的形式向外辐射能量，其辐射能包括各种波长，其中波长范围在0.76～1 000 μm的称为红外光。红外光具有很强的温度效应，这是辐射测温技术所需要的。红外测温技术理论基础是普朗克分布定律（Planck's Law），该定律揭示了黑体辐射能量在不同温度下按波长的分布规律，其数学表达式为[116]：

$$E_{b\lambda} = \frac{c_1 \lambda^{-5}}{e^{c_2 \lambda / T} - 1} \tag{2-1}$$

式中，$E_{b\lambda}$——黑体光谱辐射通量密度，$W \cdot cm^{-2} \cdot \mu m^{-1}$；

c_1——第一辐射常数，$c_1 = 3.741\ 5 \times 10^{-12}\ W \cdot cm^2$；

c_2——第二辐射常数，$c_2 = 1.438\ 79\ cm \cdot K$；

λ——光谱辐射的波长，μm；

T——黑体的绝对温度，K。

红外热像仪（IR）可以将接收到的红外波段热辐射能量转换成电信号，经放大、整形、数/模转换后成为数字信号，在显示器上通过图像显示出来。图像中每一个点的灰度值与被测物体上该点发出并到达光电转换器件的辐射能量相对应，经过运算，就可以从红外热像仪的图像上，读出被测物体表面每一个点的辐射温度值。

（2）空间信息测量原理：由于自燃煤矸石山特殊地貌，许多区域无法到达，无法采用常规测量方法。因此，在用GPS布设控制网以后，表面特征点空间位置的碎部测量可采用无棱镜全站仪（RTS）测量技术。无棱镜全站仪能够克服一些因人不可到达区域或危险区域而不能立镜造成的困难，正是这一特点使得我们选择了无棱镜全站仪进行空间数据的采集。

无棱镜全站仪发出的激光束极为窄小，可以极精确地打到目标上，保证高精度的距离测量，与有棱镜测量相比较，其优点是只要测点的反射介质符合无棱镜测量的条件，则不需要在测点上放置棱镜即可测量出该点的三维坐标。此项技术在全世界范围内得到了广泛的应用，它具有良好的技术规范：高精度（$3\ mm + 2 \times 10^6 \times D$），大范围（使用柯达灰度标准卡，其范围可达180 m），具有可见的红色激光斑，以及很小的光束直径。为了达到出色的标准，采用3R级可见激光，并采用相位法无棱镜测距技术。

2.2.2 自燃煤矸石山温度场的测量方法

按操作程序分四部分内容：

(1)用GPS在局部区域建立小型控制网。

利用GPS建立基本控制网。GPS网点应尽量与原有地面控制网点相重合，并通过独立观测边构成闭合图形，如三角形、多边形或复合线路，以增加检核条件，提高网的可靠性。重合点一般不应少于3个(不足时应联测)且在网中应分布均匀，以便可靠地确定GPS网与地面网之间的转换参数。

(2)根据红外热像仪的像幅大小，结合煤矸石山地貌特点，把煤矸石山划分成若干区域，并在每一像幅内设立若干标志点作为空间位置信息的测量使用。为保证精度，各区域边缘保证10%的重合率。

(3)在GPS控制网的基础上，与红外热像仪测温同步，使用无棱镜全站仪对煤矸石山的温度标志点进行碎部测量，测量出标志点的三维空间信息。

(4)将特征点的空间位置信息与红外热像仪所成图像融合，即利用红外热像仪相配套的软件处理表面温度的同时，将每个图幅上的几个标志点坐标数据作为空间信息的基准，内插和外推出任意一点的空间坐标信息，从而将各个温度成像中的任意一点温度与空间坐标信息一一对应起来，就构成自燃煤矸石山表面的温度场。

外业测量的基本原理如图2.1所示。

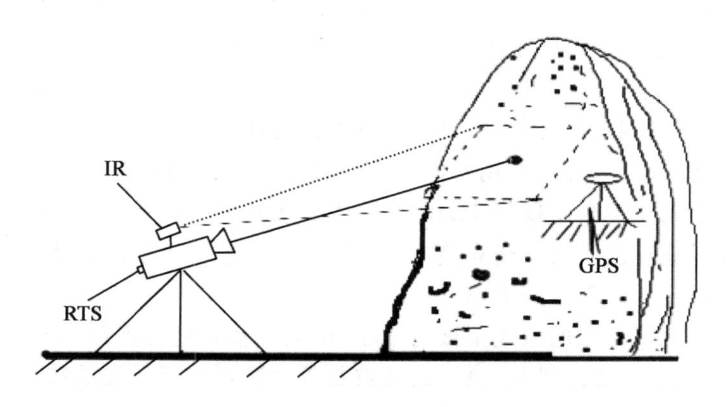

图2.1 野外煤矸石表面温度监测试验(红外+RTS)

Fig. 2.1 The field test for monitoring the surface temperature of coal gangue piles(infrared+RTS)

2.3　自燃煤矸石山表面温度场测量试验设计

2.3.1　试验点煤矸石山概况

本次试验点位于潞安集团王庄矸石山上，该矸石山于1987年停止使用，位于矿井西北方向，在太长公路之北大约500 m处，地处长治郊区故县境内，近邻王庄矿家属区、王庄村、长治钢铁厂，属于人口密集性地带。煤矸石山长约360 m，东西宽约150 m，高出地面60 m之多，堆积时间为25年。20世纪90年代初开始植树，矸石山自燃前，树木茂密。1996年发现着火后，火势迅速扩大，矿里采用向矸石山表面洒水的灭火方法，先后三次组织人员进行灭火，共用工9 015个，灭火总天数为855天，但一直未能将火熄灭。

2.3.2　试验区的选择

通过实地考察，该矸石山目前正处于燃烧状态，其中南坡属于正在自燃中间阶段，其表面裂缝较多，与空气接触明显，表面温度较高，因此，选择该南坡区域（面积大约为50 m^2）为地表温度测量试验区，如图2.2所示。

图2.2　王庄矸石山南坡研究区域图

Fig. 2.2　The south slope map of Wangzhuang gangue pile

2.3.3 布设标志点

为了保证红外热像的温度数据和该区域的空间信息的融合，在确定典型区域后，选择地势较为平坦的面布设标志点，布设出一个较为规则的形状，每点间相隔 3 m，如图 2.3 所示。

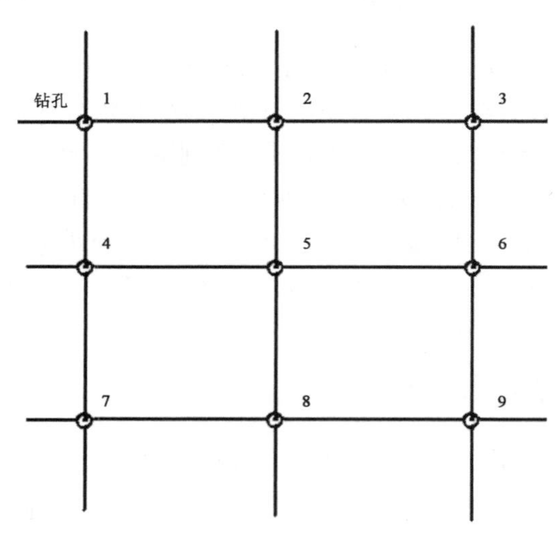

图 2.3 测温区域示意图

Fig. 2.3 The sketch map of test area

2.4 自燃煤矸石山表面温度场外业测量

由于本次试验仅选择一个面积大约为 50 m^2 的区域，在区域外侧选择一点作为已知的控制点（GPS 控制点之一），因此，主要试验采用红外热像仪（IR）和无棱镜全站仪（RTS）联合测量矸石山表面温度场。此次试验所用仪器为 DL700E 红外热像仪和日本索佳 SET 系列无棱镜全站仪（图 2.4、图 2.5）。

图 2.4 红外热像仪

Fig. 2.4 The thermal infrared instrument

图 2.5 全站仪

Fig. 2.5 The total station

2.4.1 红外热像仪数据的采集

2.4.1.1 采样布设方案

红外热像仪的数据采集受到外界因素和自身仪器的影响较大，因此使用红外热像仪拍摄热红外图片的时候是选择在清晨和傍晚两个时间段进行的，而且热红外仪器必须放置在可以拍摄到整个研究区域的地方，这样才能覆盖研究区域的画面。此次所拍摄到的南坡热红外图像（－20～180℃挡位）如图 2.6 所示。

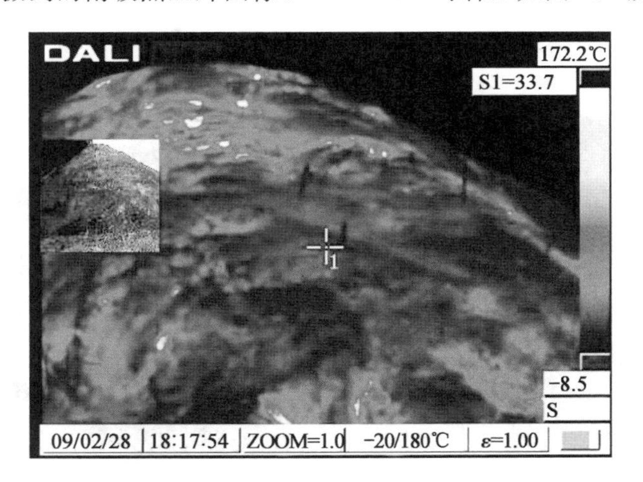

图 2.6 南坡－20～180℃挡位图像

Fig. 2.6 The sketch map of －20～180℃ areas in southern slope

2.4.1.2 实验仪器及测量方法

红外热像仪是一种通过非接触探测，并将其转换为电信号在显示器上生成热图像和温度值，并对温度值进行计算的检测设备。该设备能够将探测到的热量精确量化或测量，因此，不仅能够提供热图像，也可供技术人员对发热故障区域进行准确识别和严格分析。

本研究使用的是浙江大立公司生产的 DL700E 红外热像仪。该仪器分辨率为 320×240，具有自动聚焦、全屏可见光等特点。试验过程中，该仪器－20～180℃与 100～500℃两个温度挡非常有利，不同温度挡可以测量不同温度范围的矸石山目标区域。

作业时，不同挡位下的热红外图像显示的温度场有所变化。－20～180℃挡位的热红外图像中，表面温度为 25～120℃的区域可突出显示，因此该范围的数据比 120℃以上的数据更丰富；在 100～500 挡的时候，表面温度在 120～500℃的温度区域突出显示，该范围的数据比 120℃以下的温度数据更丰富。

2.4.2 空间信息数据的采集

2.4.2.1 采样点布设方法简介

本试验在煤矸石山上假设基准点，安置全站仪测量试验区域内标志点的相对坐标和相对高程。图 2.7 为全站仪与红外热像仪的位置示意图。

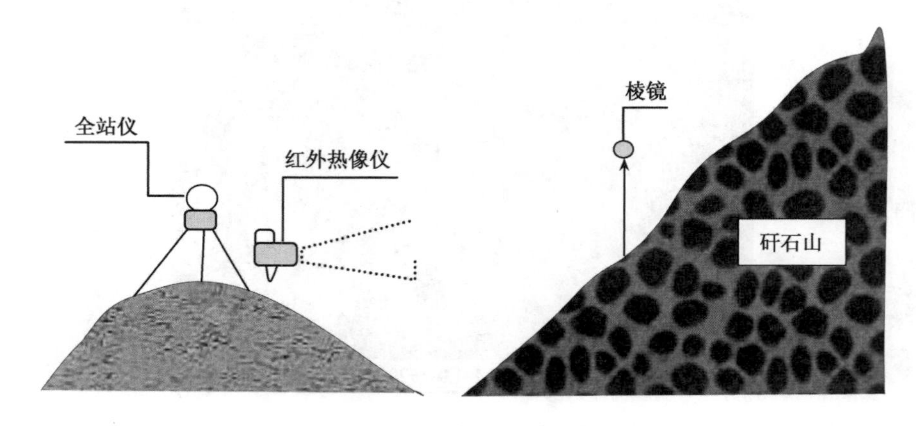

图 2.7 热红外成像仪与全站仪野外示意图

Fig. 2.7 The sketch map of test with total station and thermal infrared instrument

2.4.2.2 实验器材及测量方法

使用日本索佳 SET 系列全站仪，具有无棱镜模式与棱镜模式坐标测量方法，全站仪见图 2.5。配备适应各类复杂外业工作的全套索佳高级数据处理专业软件“EXPERT”与 MS-DOS 相兼容的操作系统。

数据采集严格按照数据采集的办法来进行，并且利用 CASS 软件将全站仪数据导出。全站仪的数据是以 .TXT 文件的格式输出的。如表 2.1 是南坡的全站仪测量数据，每个点的数据包括了点号—测量坐标—相对高程。

在煤矸石山现场用笔记本作详细测量记录，包括各个研究区域的数据，并画出草图，以备查找相应的特征点。

表 2.1 南坡四维测量数据

Table 2.1 The monitoring result of southern slope

点号	X 坐标/m	Y 坐标/m	相对高程/m	温度/℃
1	−3.220	−17.697	3.402	89.4
2	−14.459	−16.184	−3.163	44.8
3	−11.698	−15.514	−2.146	21.1
4	−8.790	−16.296	−1.645	26.1
5	−7.498	−12.180	−2.450	39.7
6	−5.813	−10.587	−2.203	31.1
7	−0.096	−5.447	−1.192	44.4
8	3.782	−9.325	−2.069	32.7
9	5.522	−10.193	−2.274	30.8

2.5 自燃煤矸石山表面温度场测量试验内业处理

2.5.1 温度试验数据分析处理

2.5.1.1 生成原始红外图片

拍摄热红外图片的时候，在现场用实物标定了研究区域的边界，因此，可以很容易地在热红外图片上提取出特定研究区域的边界温度、特定点温度及拍摄范围内任何一点的温度。

图 2.8 显示了南坡研究区域边界点温度图像的点位温度走势。可以看出,顺着山体向上的方向,温度越来越高,这与煤矸石山温度扩散的方向是一致的。

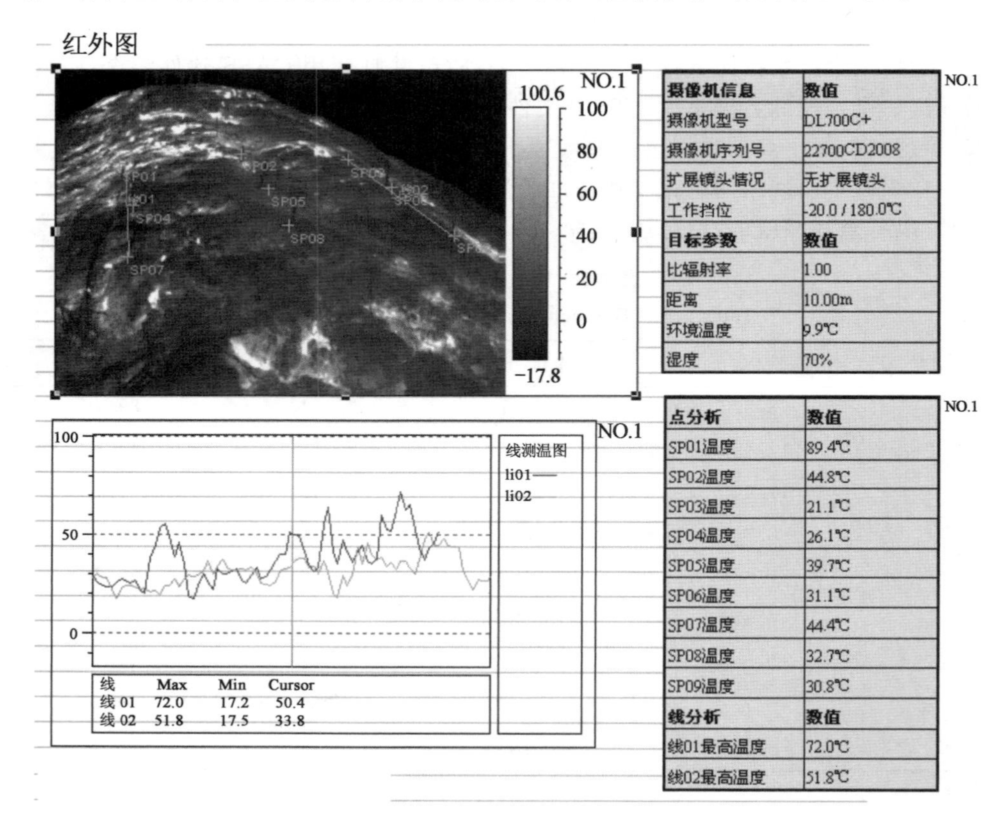

摄像机信息	数值
摄像机型号	DL700C+
摄像机序列号	22700CD2008
扩展镜头情况	无扩展镜头
工作挡位	-20.0 / 180.0℃
目标参数	数值
比辐射率	1.00
距离	10.00m
环境温度	9.9℃
湿度	70%

点分析	数值
SP01温度	89.4℃
SP02温度	44.8℃
SP03温度	21.1℃
SP04温度	26.1℃
SP05温度	39.7℃
SP06温度	31.1℃
SP07温度	44.4℃
SP08温度	32.7℃
SP09温度	30.8℃
线分析	数值
线01最高温度	72.0℃
线02最高温度	51.8℃

图 2.8　南坡温度数据分析情况(见彩图 1)

Fig. 2.8　The thermal analysis sketch map of southern slope

2.5.1.2　生成等温线

首先对导出的 Excel 表数据进行分析,找出其中规律,即像素坐标和温度值的关系规律。其规律如图 2.9 所示。在输出的 Excel 表中进行数据处理,即把对应温度值的相应的像素坐标输入,每点数据占 5 个单元格,即“点号—空格—Y 坐标—X 坐标—温度值”;把处理好的 Excel 表内容贴到 Word 里,转换为文本;把 Word 文本复制到文本文档中,另存为.dat格式的文件即可。得到的形式如图2.10所示。

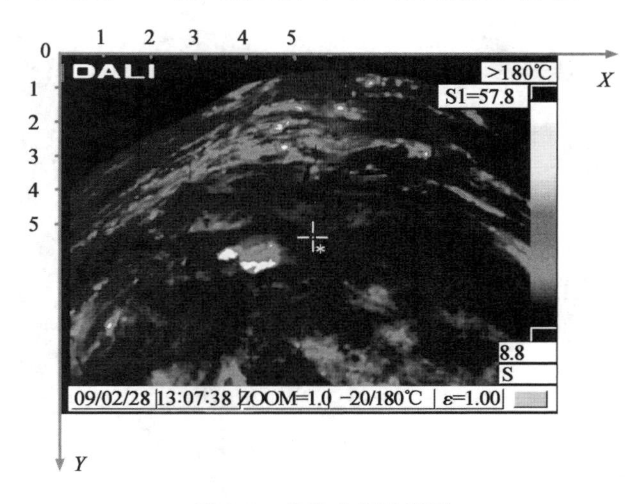

图2.9 像素坐标示意图

Fig. 2.9 The diagram of pixels and coordinates

north01 - 记事本

文件(F) 编辑(E) 格式(O) 查看(V) 帮助(H)

```
1, , 1.00 , 1.00 , 1.51
2, , 2.00 , 1.00 , 1.66
3, , 3.00 , 1.00 , 2.25
4, , 4.00 , 1.00 , 3.72
5, , 5.00 , 1.00 , 4.17
6, , 6.00 , 1.00 , 5.06
7, , 7.00 , 1.00 , 5.79
8, , 8.00 , 1.00 , 6.68
9, , 9.00 , 1.00 , 8.6
10, , 10.00 , 1.00 , 13.34
```

图2.10 处理后点温度数据

Fig. 2.10 The processed temperature data of points

(1)在CASS中生成。在CASS中展点、建立TIN、绘制等高线、调整即可。得到的等温线图如图2.11所示。借用等高线的表达方法运用到等温线上面,从而根据等温线图可以进行实地情况的判别。从图中可以清楚地看到温度变化剧烈的区域以及温度变化走向。

图 2.11　在 CASS 中绘制的等温线图

Fig. 2.11　The isotherm map drawn on CASS software

(2)在 Surfer 软件中生成。先对原数据格式进行简单修改,导入到 Surfer 工作表中(图 2.12),形式为"X 坐标—Y 坐标—点温度值"。

Surfer - [north01]

File　Edit　Format　Data　Window　Help

A1　1

	A	B	C
1	1	50	1.51
2	1	49	1.66
3	1	48	2.25
4	1	47	3.72
5	1	46	4.17
6	1	45	5.06
7	1	44	5.79

图 2.12　Surfer 工作表

Fig. 2.12　The Surfer worksheet

然后另存为.dat格式的，再使用 Grid|Data，据此得出格网文件，最后使用 Map|ContourMap|New Contour Map，进行相关设置，即可获得等温线图。以南坡为例如图2.13所示。

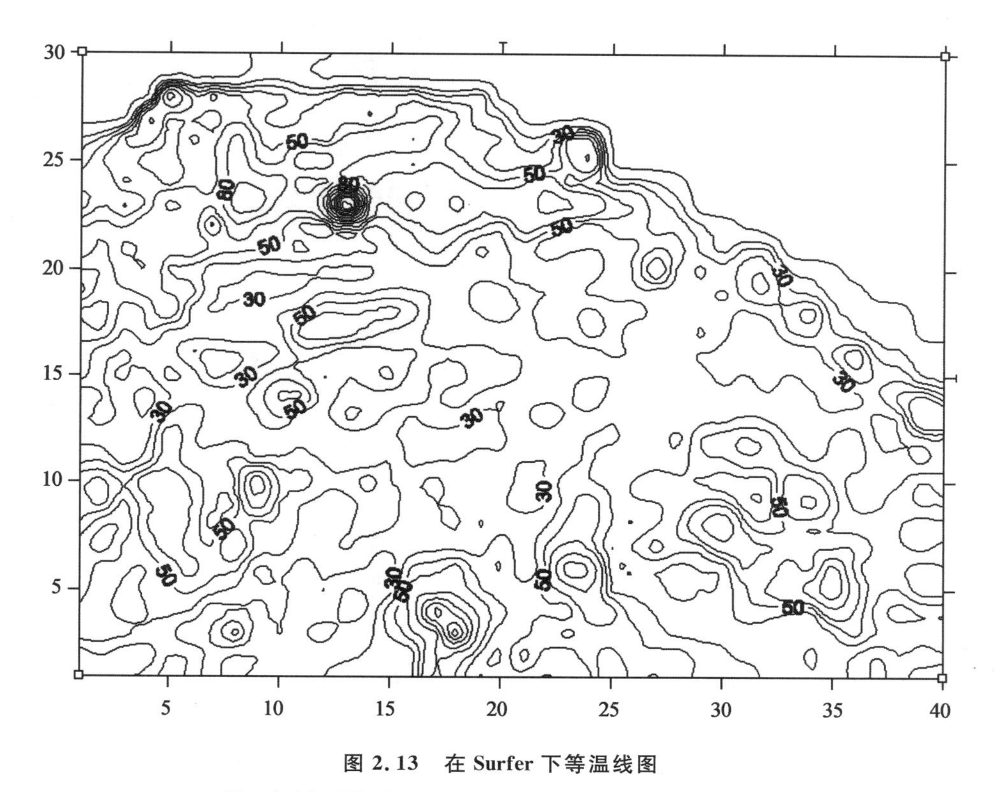

图2.13　在Surfer下等温线图

Fig. 2.13　The isotherm map drawn on Surfer software

为了形象化，利用 Surfer 软件等值线图区域填充功能进行渲染。即在 Contour Map Properties 对话框下进行相关设置，步骤为：点 Opotions 选中 Fill Contour 然后点 Levels 进行相邻等温线间空白区域的填充颜色设置，也可增加或删除等温线。渲染后如图2.14所示。通过此等温线图可以直观地看出表面温度分布情况，比如，可以看出35～45℃间的温度点分布较多，还可看出表温度扩散形式为点扩散，等等。

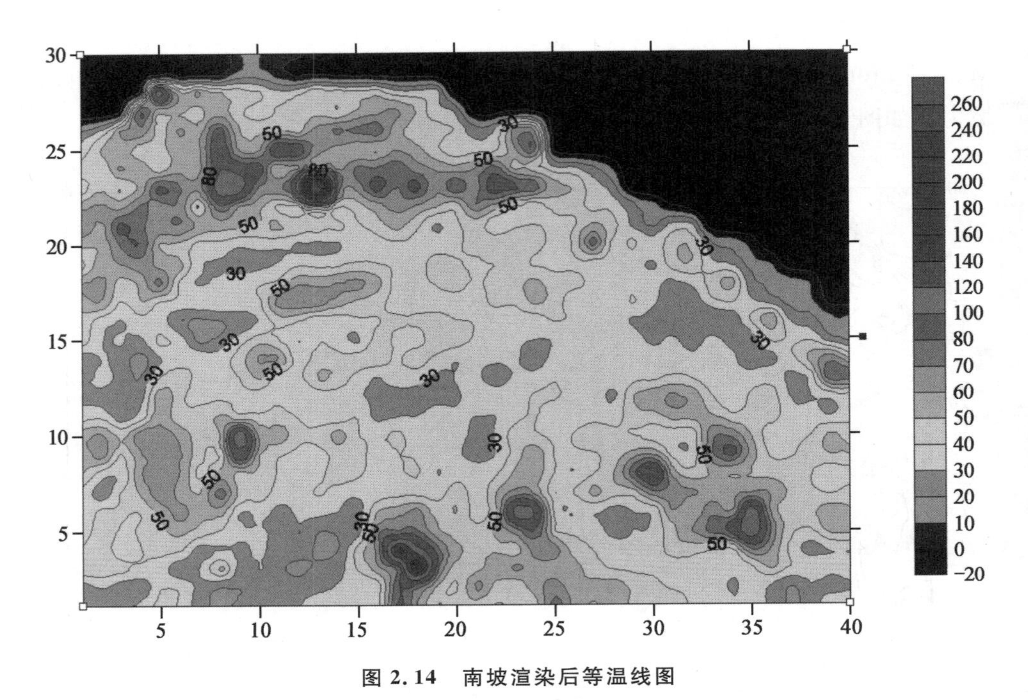

图 2.14 南坡渲染后等温线图

Fig. 2.14 The contour map of southern slope after rendering

2.5.2 热红外图像的坐标转换与定位

2.5.2.1 插值换算且归心改正红外图像坐标

运用插值法来计算热红外图像上的点位坐标，将热红外图像的温度信息与空间信息联系起来，而此时得到的点位坐标为热红外图像的像素坐标和全站仪测量到的相对坐标，由于在监测过程中红外成像仪与无棱镜成像仪之间存在测站偏心，所以应对所得坐标进行归心改正，如图 2.15 所示。

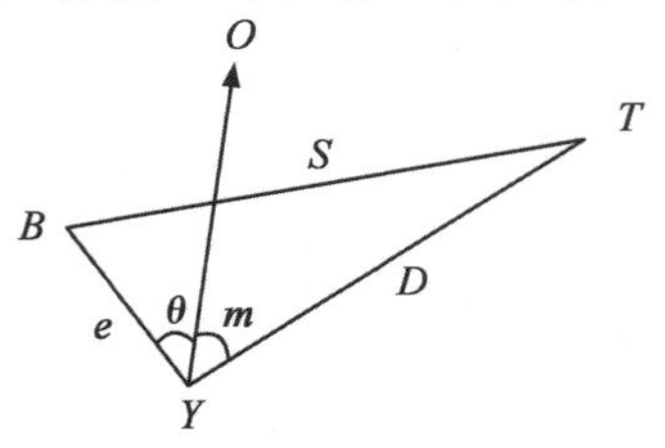

图 2.15 监测仪器方位平面图

Fig. 2.15 The location plan of monitoring equipment

理论上红外成像仪中心与无棱镜全站仪中心一致，但实际情况如图 2.15 所示：B 为红外成像仪的中心，而 Y 为无棱镜全站仪的中心，T 为所布设的一个目标点即目标棱镜中心，e 为偏心距；θ 为偏心角；YO 为零方向；m 为观测方向值；D 为实际观测边长；S 为真实边长。所以需要测站归心改正。相关计算公式：

$$\delta = e/S \cdot \sin(\theta + m) \cdot \rho'' \tag{2-2}$$

$$S^2 = D^2 + e^2 - 2D \cdot e \cdot \cos(\theta + m) \tag{2-3}$$

δ 角为测站偏心引起的实际所测角与真实角之间的差值，$\rho''=206\ 265''$。则改正后的方向值和边长分别为 $m+\delta$ 和 S。

2.5.2.2 热红外仪与全站仪基准点的选择

在王庄矸石山上，全站仪的基准点选择在靠近矸石山旁边大路的小山坡上，便于以后引入大地坐标系统，并且坐标轴选择了正北方向，竖轴平行于研究区域的小坡，横轴垂直于正北方向。

测站点的选择，为了保证测量精度，当全站仪测距的固定误差不小于比例误差时，测站点选在对待测边一端的垂直线附近，避免在对待侧边中点的垂线上及附近设站；反之，当全站仪测距的固定误差小于比例误差时，测站点尽可能靠近对待测边中点的垂线，以减少测距误差的影响，并尽可能缩短至待测边的间距，以减少测角误差的影响，但考虑进一步减小间距对提高对边测量的精度并不显著以及通视等需要，测站点与待测边可以保持适当的间距。此外，在一定的条件下，测量的精度能够满足各级三角网测量的精度要求。

2.5.2.3 全站仪相对坐标转换

为了将相对坐标转换成实地坐标，需要进行全站仪的相对坐标系统与大地坐标系统之间的转换。将全站仪测量的相对坐标转换为实际的大地坐标，也即将全站仪相对坐标（X，Y，Z）转换到 WGS-84 坐标系统的（B，L，H），便于煤矸石山自燃灭火工程的布置与实施。

先确定转换参数，包括椭球参数、分带标准和中央子午线的经度。椭球参数指平面直角坐标系采用的椭球基准，包括长短轴及扁率；分带标准用 3 度分带；中央子午线的确定办法是取平面直角坐标系中 Y 坐标的前两位乘以 3。最后，在 ARCGIS 空间信息转换板块中，设置好参数之后，就可以将全站仪现场的施工坐标即相对坐标转换至大地坐标。

2.5.2.4 热红外图片的像素坐标与全站仪的相对坐标之间的关系

热红外图片的像素坐标就是图像上每个像素点的图像坐标（x，y），上节已经介绍过，通过三角网的插值分析就可以得出各个像素点的相对坐标，从而在ARCGIS中再转换成大地坐标。图2.16就是红外图片的像素坐标显示图[82]。

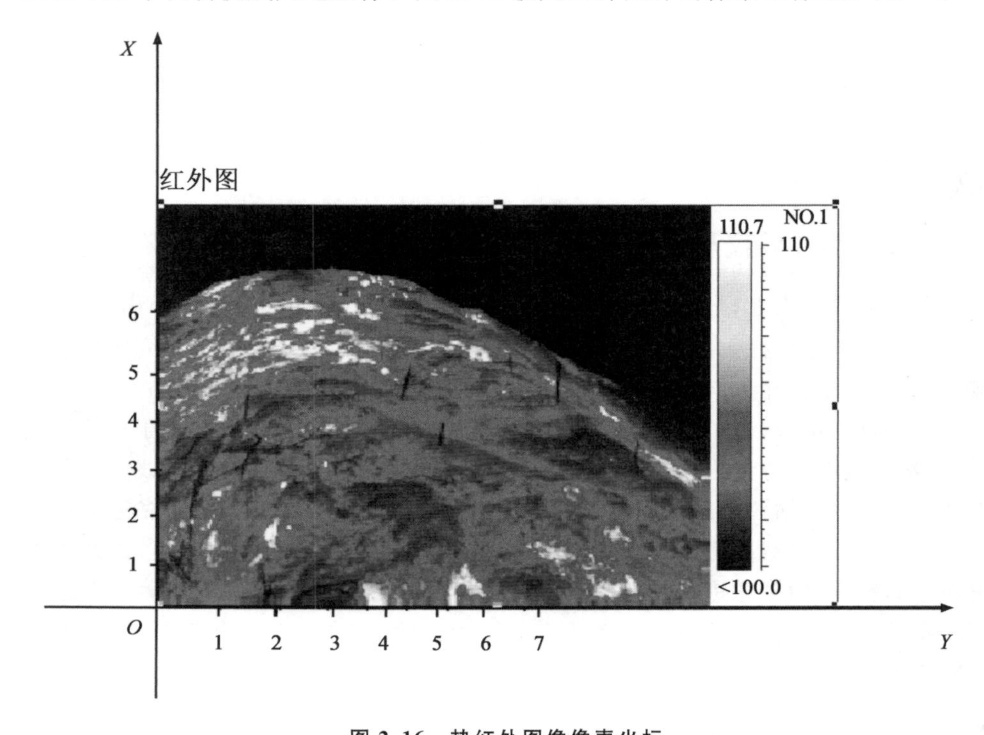

图 2.16 热红外图像像素坐标

Fig. 2.16 The sketch map of infrared maps

2.5.3 热红外数据与全站仪数据融合

本次试验，在CASS软件中，先对全站仪数据进行处理得到王庄矸石山的三维高程模型DTM，再将扫描南坡热红外图片中的温度信息导入该模型，具体方法是，将三维地形图中每个点位的高程属性用该点温度进行替换，即可得到三维地形模型与温度模型的融合结果，如图2.17所示。

通过分析整个山的三维地形图以及南坡区域的三维地形图可以结合矸石山表面温度分布规律将三维温度图像覆盖到三维地形图上，并且附上相应的温度与高程属性。如图2.18所示，将高程与温度值同时附到三维模型上。

利用ARCGIS下的三维视图功能，修改南坡三维地形图的高程属性，通过点

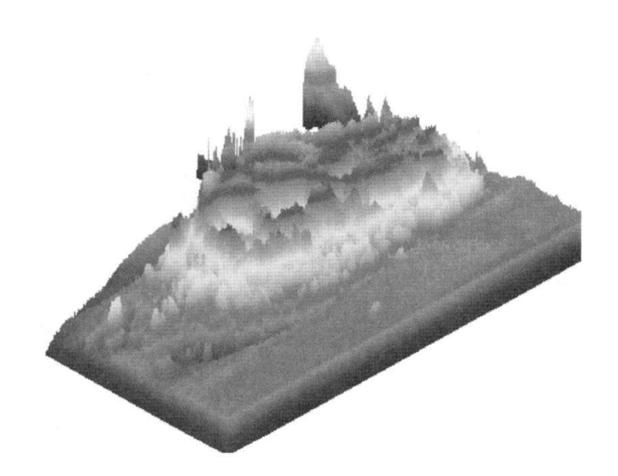

图 2.17 动态温度三维模型(见彩图 2)

Fig. 2.17 The dynamic DEM sketch map of thermal results

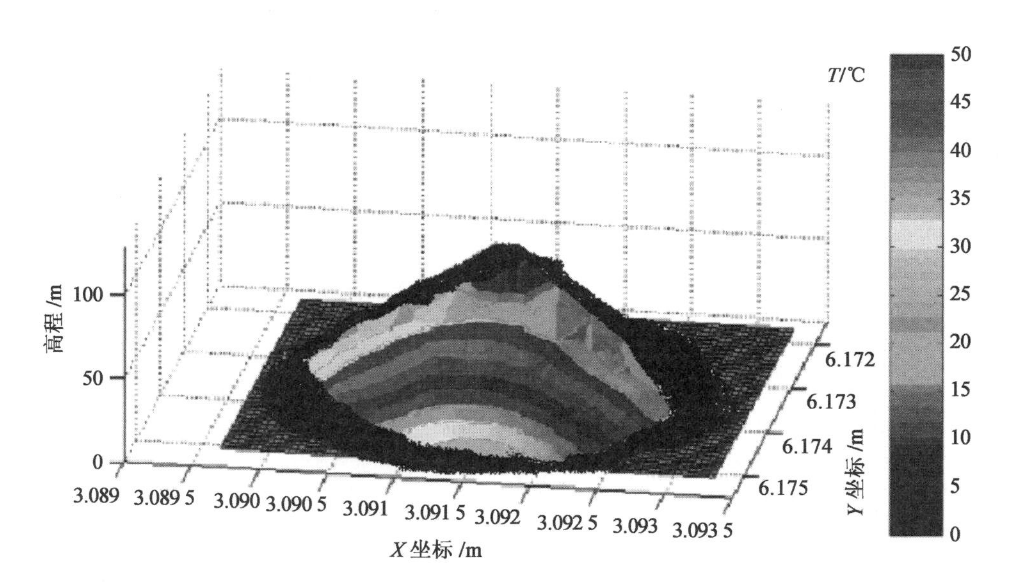

图 2.18 三维地形图与三维温度场融合图

Fig. 2.18 The integration sketch map of 3D topographic map and 3D temperature field

击三维地形上不同点可以获取该点的温度信息和高程信息,从而为灭火工程提供空间上的三维模型和布设模型。

2.6 小结

随着国内大小型煤矸石山自燃对自然环境与周边环境造成的影响越来越大，急需要寻找一种自燃煤矸石山表面温度场测量技术。本文应用红外技术联合全站仪测量的方法，将红外热像仪与全站仪同时引入煤矸石山温度监测中，重点解决了煤矸石山温度信息采集与空间信息采集同步进行及技术耦合的问题，并进行了实例操作，将热红外图片的像素坐标与全站仪的相对坐标相结合，分析得到热红外像素点的相对坐标，从而建立了自燃煤矸石山表面温度场。

3 自燃煤矸石山覆压阻燃原理

目前我国治理自燃煤矸石山，最常采用的阻隔空气的封闭方法是黄土覆盖，但治理效果不理想，复燃严重。事实上，早在 20 世纪 80 年代，有些国家已经实践证明，简单覆盖黄土不能有效阻止煤矸石山内部硫铁矿氧化及自燃的发生，成本高且不利于植被恢复。而且，黄土只有在保持一定含水量的状态下，才能保证理想的密实度，具备一定的低渗透性，植被覆盖率低的黄土会逐渐变干、松散甚至出现裂缝，利于空气贯入和水的渗入，从而使得煤矸石中硫铁矿氧化蓄积热量并引起煤矸石自燃。

基于此，需要研究自燃煤矸石山治理中如何构建具有隔氧阻燃效果的覆盖层，以有效阻隔空气防止煤矸石山自燃。该覆盖层应按照不同土质惰性材料的性能并施以工程措施如碾压，使其具有对空气的低渗透性能，具备一定的空气阻隔作用，从而防止煤矸石山自燃，最后再覆盖黄土进行植被绿化，从而达到长期有效治理自燃煤矸石山的目的。而有效覆盖层的构建，第一选择覆盖材料；第二需要压实改善材料的工程特性，对于自燃煤矸石山，就是要提高材料的阻隔性；第三就是适宜的覆盖厚度以增加覆盖层中空气渗流距离从而减小空气渗流速度，最终保证覆盖层阻燃效果。

3.1 煤矸石山的自燃历程及临界温度

煤矸石山发生自燃，是一个极其复杂的物理化学过程，从常温状态转变到燃烧状态，如图 3.1 所示，分为三个时期：

(1)潜伏期：氧气在煤矸石山表面或通过孔隙和裂缝渗入煤矸石山内部吸附潜伏，煤矸石低温条件下缓慢氧化并开始释放热量，从而造成热量积累。

(2)自热期：热量积累，环境自动升温，从而加速煤矸石的氧化。煤矸石的自燃实际上是煤的自燃，从缓慢升温阶段到自动加速反应阶段时的温度称为煤矸石自燃的临界温度，它因成分不同，一般在 80～90℃之间[67,101]。煤矸石温度超过临界温度，即具备自燃条件。在自热阶段，若煤矸石中可燃物不充分，无法提供进一步

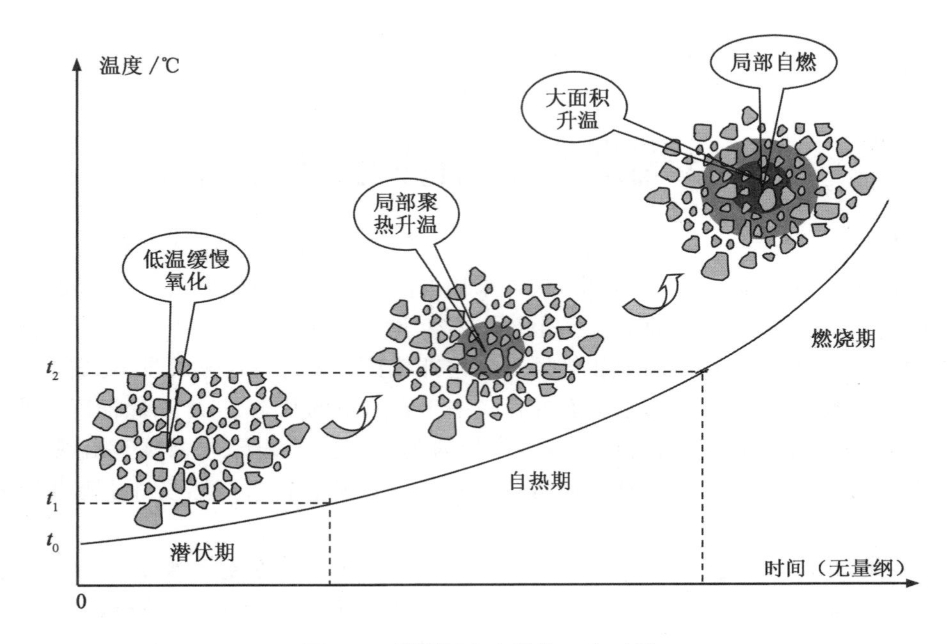

图 3.1 煤矸石山自燃的三个时期

Fig. 3.1 Three periods of coal waste pile's spontaneous combustion

［t_0. 初始阶段常温；t_1. 煤矸石的临界温度；t_2. 煤矸石的着火温度(燃点)］

(t_0—original normal temperature; t_1—critical temperature of coal gangue; t_2—ignition point of coal gangue)

氧化所需的物质基础，或煤矸石堆的供氧条件与蓄热条件发生变化，使氧化反应产生的热量散失于周围环境中，煤矸石山便不会进入自燃状态。

(3)燃烧期：煤矸石充分氧化自燃。

在初始阶段，煤矸石中的黄铁矿和煤在常温 t_0 下与氧气缓慢反应，放出热量，使煤矸石的温度缓慢上升。当矸石温度达到临界温度 t_1 时，反应的速率随着温度的升高而自动加速。一旦温度达到煤的着火温度 t_2，即开始激烈的反应，这时若燃料、氧气供应充足，燃烧保持稳定进行。

t_1 即为煤矸石的氧化从缓慢升温阶段过渡到自动加速反应阶段时的温度，称临界温度。临界温度 t_1 和着火温度 t_2 不是煤矸石所固有的物化常数，它是化学动力因素和流体动力因素的综合，与煤矸石的化学活性，煤的燃烧活化能，矸石的导热系数、发热量和对周围的环境散热条件等都有关(主要表现为活化能不同)。不同煤矸石的临界温度可用简易的数学模型导出下列计算公式：

$$t_1 = \frac{E}{2R}\left(1 - \sqrt{\frac{4RT_0}{E}}\right) \tag{3-1}$$

式中，E——煤矸石的活化能，$J \cdot mol^{-1}$；

R——气体常量，取值为 8.31 $J \cdot mol^{-1} \cdot K^{-1}$；

T_0——环境的绝对温度，K。

不同的煤矸石有不同的活化能，不同地区的煤矸石山也有不同的环境温度，所以其发生自燃的临界温度也不同。有关文献指出，煤矸石山自燃的临界温度为80～90℃之间（煤的临界温度一般认为在70℃左右）。在供氧充足的条件下，煤矸石的温度是否达到临界温度是判断其能否发生自燃的重要条件，该温度对指导自燃煤矸石山的防治也有着重要的意义[57－65]。

3.2 煤矸石山隔氧阻燃机理分析

根据煤矸石山自燃条件分析可知，其发生自燃的内因是煤矸石中含有的大量可燃物，外因则是煤矸石山的供氧与蓄热条件。良好的通风条件可以使煤矸石在氧化时得到充分的供氧，但同时也会把煤矸石自热阶段产生的热量带走。反之，若处于封闭环境中的煤矸石，虽有良好的蓄热条件，但得不到充分氧气供应，煤矸石不会进一步氧化，自燃也无从谈起。因此，阻断煤矸石山良好的供氧条件，是防止煤矸石山自燃的有效途径。

3.2.1 煤矸石山不同区域的供氧条件

根据供氧蓄热条件的好坏，煤矸石山从表面到内部可分为三个区域（图 3.2）：不自燃区；自热区（可能自燃区）；窒息区。

在煤矸石山表面，虽然可得到充足的氧气供应，但与外界热交换条件好，氧化反应生成的热量迅速散失到周围环境中，矸石升温幅度很小，不足以引起自燃，此即为不自燃区。在煤矸石山内部，分子扩散或空气流动带入的氧气已经在表面大部分被消耗，气流中的氧浓度很低，煤矸石的氧化反应产生的热量很小，不足以使矸石进一步升温，这一区域也不会发生自燃，称之为窒息区。

在不自燃区与窒息区之间，既有一定的氧气供应，所产生的热量又不致全部被带走，煤矸石氧化产生的热量足以使矸石升温，此区即是自热区（也称可能自燃区）。自热区的剖面深度与煤矸石的氧化能力、粒度、堆积形态、空隙率以及外界环境条件等有关。在自热区内的煤矸石，如果能不断得到氧气维持氧化反应持续进行，一定时间后，当煤矸石温度上升到燃点，便发生燃烧。在此阶段内如供氧蓄热条件发生变化，煤矸石的氧化反应不能继续进行，自热就会终止，自燃也不会发生。

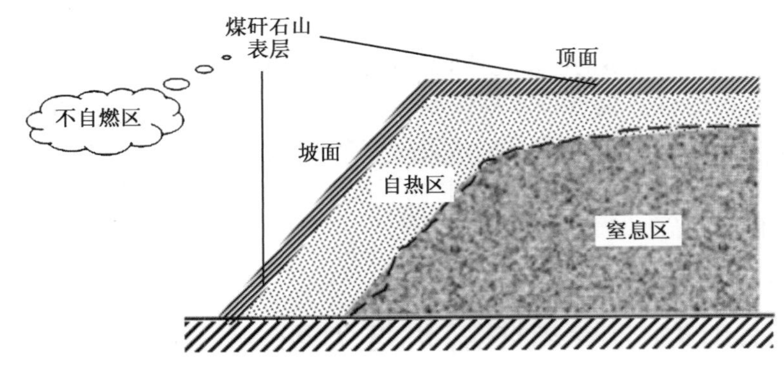

图 3.2 煤矸石山自燃分区

Fig. 3.2 Spontaneous combustion zoning of coal waste pile

3.2.2 孔隙率对氧气传输的影响

煤矸石山可以看成是一种由形状各异的粒子组成的多孔介质，具有一定的孔隙率。一般情况下，气体在煤矸石山中的流动速度极为缓慢，属于层流状态。煤矸石山的孔隙率对其氧气传输有很大影响，表现在对煤矸石堆透气性的影响（一般用渗透率 K 表征）。通过对煤矸石山氧气传输途径的研究表明，空气在煤矸石山中的流动一方面取决于风压（自热前是自然风压，温度升高后主要是热风压），另一方面则取决于煤矸石堆的渗透率，换句话说，煤矸石山渗透率的大小表明了煤矸石堆供氧条件的好坏。

实验表明，煤矸石堆的渗透率 K 与堆积煤矸石的孔隙率 ε 及它的平均有效粒径 d 有密切关系[106−108]：

$$K=2.95\times10^{-3}\times\varepsilon^{2.31}\times d^{2} \tag{3-2}$$

式中，K——煤矸石堆中的渗透率，m^2 或 darcy（达西）；

ε——煤矸石堆的孔隙率，%；

d——煤矸石的平均粒径，m。

资料表明，经一年风化后的煤矸石山，表层煤矸石的粒径有 80% 以上在

45 mm 的范围之内，可以认为，煤矸石山表层的煤矸石经快速风化后的粒度组成可以代表煤矸石山表层的颗粒组成。从式(3-2)可知，由于煤矸石的风化作用使煤矸石粒径减小，空气在煤矸石山堆中的渗透能力会减弱。因此，不难理解，如果煤矸石山表层覆盖不同粒径的土质材料，也会改变煤矸石山中的空气的渗透能力，覆盖小粒径的土质材料，将有效隔氧，达到阻燃目的。

综上所述，可通过改变煤矸石堆体的孔隙率或减小堆体表层覆盖物的渗透能力，改变煤矸石山供氧条件，而达到防止煤矸石发生自燃的目的。

3.2.3 煤矸石山发生自燃的临界风速

煤矸石氧化需要氧气，只有当外界的供氧速率大于某一临界值时，氧化反应放出的热量大于散热速率，热量才可能被积聚起来，使煤矸石发生升温。若达不到这一临界值，反应放出的热量会通过传导、对流等途径全部散失到周围环境中，煤矸石山不会发生自燃。这一临界值为临界风速。当反应放出的热量小于散热速率时，煤矸石就会逐渐冷却。

煤矸石山中风流的作用是双方面的，它既供给煤矸石反应所需的氧，又会带走煤矸石反应生成的热量。所以临界风速有上限值与下限值，当风速超过上限值时，反应生成的热量会全部带走。对于煤矸石来说，不可能通过增大矸石堆的透气性的方式作为防治自燃的措施，所以关键的是临界风速的下限值。

临界风速与可燃物的物理化学性质及环境条件有关。国内外都有学者对煤堆中的临界风速进行过研究，但研究结果相差极大。经试验[39,40]，阳泉煤矸石山中空气流速为 $4.4\times10^{-5}\ \mathrm{m\cdot s^{-1}}$ 时，煤矸石没有发生燃烧，因此可以认为煤矸石山中的空气流速低于它时，不会发生自燃，这是一个比实际值偏小的临界流速。该物理量对煤矸石山构建有效隔氧阻燃的覆盖层具有重要的理论指导意义。

3.3 覆盖阻燃原理

通过上述分析，尽管煤矸石山自燃是一种比较特殊的燃烧系统，影响因素比较多，但是，针对煤矸石山自燃的特点和历程，只要阻断煤矸石山维持自燃过程的任意一条链条，都可以达到预防和灭火的目的。对于已经堆存至一定规模、近期煤矸石难以有效利用直至彻底消除且含有大量可燃物的煤矸石山，防止自燃最好的方法是全面覆盖封闭、阻隔空气进入煤矸石山内部。

从煤矸石山自燃发生的模式来看，煤矸石山自燃首先需要有氧气渗入煤矸石山内部参与氧化反应，如果氧气没有渗入，也就不会有煤矸石中黄铁矿的低温氧化和含碳物质的自燃发生，因此阻断氧气渗入煤矸石山是防止自燃的有效措施。但在现场实际条件下，要完全阻断空气进入煤矸石山的通道、完全隔绝氧气几乎是不可能的。根据煤矸石山氧气传输方式及临界风速的分析，通过采取措施降低煤矸石山中的空气流动速度，降低供氧浓度，可达到防止煤矸石山自燃的目的。为此，采取在煤矸石山表面构建覆盖层、进行全面封闭的做法，以有效防止煤矸石山自燃的发生。

3.3.1 覆盖阻燃效果的评价指标

为了防止煤矸石山自燃，要求覆盖层具备一定的空气阻隔作用，减少空气渗入量，以阻断煤矸石山内部供氧途径。空气渗透量与渗透速率的关系如下：

$$\nu = \frac{Q}{A} \tag{3-3}$$

式中，Q——空气渗透量，$m^3 \cdot s^{-1}$；

A——空气渗透的截面面积，m^2；

ν——空气渗流速度，$m \cdot s^{-1}$。

因此，覆盖层的阻燃效果可借助煤矸石山自燃的临界空气渗透速率进行评价。

本研究以阳泉煤矸石山治理为例，沿用阳泉煤矸石山自燃风速的临界值作为覆盖层的基本性能指标，要求有效覆盖层中的空气渗流速度小于 4.4×10^{-5} $m \cdot s^{-1}$，以满足自燃煤矸石山治理的基本目标。

3.3.2 覆盖阻燃效果的影响因素

根据达西定律（Darcy's Law），多孔介质中，空气的渗透速度与材料的渗透率、覆盖厚度及气压差有关，即[10-13]：

$$\nu = \frac{K}{\mu} \cdot \frac{dP}{dL} \tag{3-4}$$

式中，K——煤矸石山覆盖层的渗透率，m^2 或 darcy；

μ——气体的动力黏度，$Pa \cdot s$；

L——覆盖层厚度，m；

ν——气体在覆盖层中的渗透速度，$m \cdot s^{-1}$；

P——自燃时煤矸石山内外压差，Pa。

基于煤矸石山治理防自燃的目标，借用空气渗流速度评价覆盖层的阻燃效果，分析上式可知，覆盖层阻燃效果主要受以下几方面因素的影响：

(1)覆盖材料渗透率的影响。覆盖材料宜选择低渗透率的材料，以保障覆盖层的隔离效果。渗透率的大小与覆盖材料的粒径分布、粒度及其形状有关，粒度组成在一定程度上决定了孔隙率的大小，是主要因素，而颗粒的大小、形状则决定了空气流通孔道的大小和粗糙度。

自然界中，许多土壤天然具有相对的低渗透性，如黏土状的土壤就是天然的低渗透材料。这是由于黏土矿物的微小颗粒和表面化学特性，环境里的黏土堆积物极大地限制了流体分子迁移的速率。在垃圾卫生填埋中，天然的黏土堆积物常被用作防渗层，但对于多数废弃物的填埋场，黏土覆盖层的构建，尚需要通过掺加水分并机械压实以改变黏土的孔隙结构，以实现黏土的最佳工程特性，发挥其最优隔离性能[7,8,10−15]。

在煤矸石山治理中，常见的用来大面积隔离煤矸石堆和外界的覆盖材料，主要是黄土，也有用粉煤灰、石灰石等碱性材料包裹高温矸石，进行灭火的实践记载，但大都依靠经验进行现场操作，无理论研究做指导，所以处置效果欠佳。

(2)覆盖层厚度的影响。一定条件下，覆盖层厚度影响空气渗透速度的大小，对于透气性好的覆盖材料，宜增加覆盖层厚度，以确保覆盖层中的空气渗流速度低于临界流速；对于透气性弱即阻隔性好的覆盖材料，可相对减小覆盖层厚度，以降低治理成本。

一般来讲，选择覆盖材料的基本原则是因地制宜，而覆盖层厚度设计的基本原则既要考虑对阻燃效果的影响，又要考虑治理成本，覆盖层厚度的增加将大大增加治理的经济成本及环境成本，因此，需要研究不同覆盖材料适宜的覆盖层厚度。

(3)煤矸石山内外压差的影响。覆盖层的空气渗透速度受煤矸石山内外压差的影响。煤矸石山内外压差并不是一个稳定值，煤矸石山露天堆积经年累月，其内外压差会有所变化。煤矸石堆积初期，孔隙度大，无氧化反应，内外压差几乎为零；随着早期进入煤矸石山内部的空气供氧，内部矸石耗氧发生反应，煤矸石孔隙间储存的空气逐渐稀薄，内部压力逐渐减小，形成煤矸石山内外正压差，空气逐渐入渗；随着空气入渗，煤矸石山内部矸石的氧化反应逐渐活跃，并释放热量，慢慢会产生热气压，从而矸石山内外产生负压差，即内部压力较大，热空气逐渐向外散发；一段时间后，又趋向于内外压差相等值。

在煤矸石山尚未自燃时，空气在煤矸石山中的流动主要取决于自然风压。

另外，煤矸石山内外压差还受外界气候环境等因素的影响，如气温、风速、降水等。

综上所述，在治理煤矸石山的实践中，其外界条件是非可变因子，因此，为了保障覆盖层的阻燃效果，覆盖材料的选择及覆盖层厚度的设计尤为重要。

3.3.3 覆盖材料与覆盖层厚度的选择

由上所述，在煤矸石山构建有效隔氧阻燃的覆盖层，需要综合考虑各个影响因素，最终目的是使得覆盖层满足设计要求，具备有效的隔离空气效果。

煤矸石山的内外压差属自然条件几乎无法控制，那么构造覆盖层其隔氧阻燃效果的影响因素，就应该考虑覆盖材料的空气阻隔性及一定厚度覆盖层的阻燃效果。从保证阻燃效果的角度讲，覆盖材料应尽可能地选择具备一定隔离性的防渗材料，而材料选定之后，保证一定的覆盖层厚度即可达到自燃煤矸石山对覆盖层的要求，而且，覆盖层厚度越厚，保证系数越高。

而另一方面，覆盖材料的选择及覆盖层厚度应顾及可行性及治理成本。煤矸石山治理面积大，覆盖阻燃需要大量惰性材料，传统方法一般取当地土壤覆盖然后碾压，如阳泉，治理煤矸石山用于征地取土的费用占工程总投入的 1/3，且征地费用逐年提高。同时，征地大多为矿区农村废弃地甚至耕地，取土导致的植被破坏、土地减产、水土流失等一系列环境问题不可忽视，也与保护环境治理煤矸石山的目标相违背，而国家有关保护耕地及土地资源的政策，也不允许大量取土治理煤矸石山。因此，土源问题，在很大程度上限制了煤矸石山大量覆盖土壤的治理实践。

粉煤灰是煤矿区常见的、堆存量大的工业废弃物，粒径小，以粉土粒为主要组成，其工程性质可表现出与粉土相近的一些特性[74]，未经分选的粉煤灰粒径较粉土大，阻隔性较差，但经压实后渗透率减小。有研究表明，当密实度达到 95%时，粉煤灰的渗透量将提高一个数量级，介于粉质沙土和亚黏土之间，原状粉煤灰经粉磨技术处理后，将大大改善其颗粒级配，细度大大提高，阻隔性增加。另外有研究表明，粉煤灰覆盖可以明显地抑制煤矸石中微生物（硫杆菌）对黄铁矿氧化的催化作用，并提高煤矸石淋溶液的 pH（张明亮，2009），这对煤矸石山防止自燃及减少环境危害有积极作用。同时，随着电力工业的迅速发展，火电厂排放的粉煤灰越来越多，对其储藏需花费巨额资金，并且占用土地对环境与生态都有不利影响。因此，对其有效利用，既可节约成本又可起到环境保护的作用。

综合分析，煤矸石山构建覆盖层，选择材料应因地制宜，顾及经济环境成本，尽可能减少土壤用量。另外，覆盖层厚度增加，覆土压实功需要增加，工程成本增加，同时，煤矸石山坡面的施工条件较差，碾压作业较困难。因此，覆盖材料及覆盖层厚度的选择应综合考虑，选择最优。本研究中，方案选择采取的原则是覆盖层总厚度尽量小，土壤用量尽可能少。

3.4 压实阻燃原理

土质材料的压实，就是通过外力加压于土体上，以增加其密实度的一种物理作业方法。工程中，常通过压实操作改变土质材料的工程特性。土质材料的这种可被压实的特性，就叫作压实性。

反映压实效果的指标最常用的是干密度，密度越大，孔隙越小，土质材料也就越密实，说明压实效果越好，反之，压实效果就差一些。在工程中，土的压实程度用压实度 D_C 来表示，其定义为：

$$D_C=\frac{\text{压实后实测干密度}}{\text{室内标准功能击实的最大干密度}} \tag{3-5}$$

3.4.1 压实效果与阻隔性

研究表明，土质材料压实程度越高，土质材料的容重越大孔隙度越小，导致阻隔性提高。这是因为，压实将使得土质材料的容重、硬度、孔隙度等性状发生明显变化。压实土体时，土质材料的密度增大，孔隙率减小，流体通过土质材料的平均孔隙尺寸就越小，从而导致其渗透系数减小，相应地，土质材料的阻隔性因压实而增强。压实导致土质材料中的自然大孔隙及充气孔隙减少，团聚体相互靠近并摩擦，从而使得土质材料持水能力降低，渗透率下降，阻隔性提高。在土质材料被严重压实时，其通气大孔隙甚至降为3%以下。

对于煤矸石，通过碾压也可降低其渗透率。有实验证明，煤矸石经压路机的反复碾压，密实度会逐渐增加，渗透率逐渐减小，当碾压遍数到一定值后，即使再反复碾压也不会明显提高煤矸石的密实度，而煤矸石的渗透率减小缓慢。有研究曾在阳泉某煤矸石山现场进行试验，测定了煤矸石在压实过程中渗透率的变化情况，测试结果如表3.1所示。

可以看出，在反复碾压作用下，煤矸石堆渗透率不断变小。黄土的密封效果尤为明显，覆盖厚20 cm左右的黄土，就使已压实的煤矸石渗透率减小了2/3。

对于自燃煤矸石山，覆土碾压构建覆盖层的目的，就是要得到一道可有效隔氧防渗的屏障，需要最大限度地增加压实度。压实作业在自燃煤矸石山治理中，是一项有效的工程措施。

表 3.1　煤矸石压实条件与渗透率的关系

Table 3.1　Relation between compaction condition and penetrability of coal wastes

煤矸石堆积条件	自燃堆积	碾压 1 遍	碾压 3 遍	碾压 7 遍	覆盖厚 20 cm 黄土并碾压
渗透率 K/darcy	1.4	0.81	0.26	0.15	0.051

3.4.2　压实效果的影响因素

3.4.2.1　含水率的影响

对于同一土质，在一定条件下，含水量对压实度有很大的影响。以黏土为例，黏土颗粒细，比表面积大，需要较多的水分以包裹土粒形成水膜。另外，黏土的黏粒中含有亲水性较高的胶体物质，所以，水分对黏土的密实度影响较大：当水分过少时，土粒间的润滑作用就差，压实不足以克服土粒之间的摩擦力，土粒间不能靠拢得更紧，因而难以达到大的密实度；当土中的水分过多时，土粒被水膜包围而间距拉开，含水量越大，水膜越厚，密实度也就越小，并且水分蒸发后极易形成裂纹；当黏土在最优含水量时进行压实，土体中的水分可以提高土粒间的润滑力，而又不会把土粒隔开，因此，在同样压实功作用下，容易达到最大密实度。土质材料在达到最大密实度具有最大干容重时，土体中的孔隙率最小，渗透率也到最小，从而有最好的封闭效果。

3.4.2.2　压实方法的影响

土质材料的压实效果不仅与土料本身性质有关，也与压实方法有关。

压实方法按其作用原理，可归纳为三类[13]：静压、冲击、振冲。压实方法不同，作用于土体的荷载大小及作用原理不同，压实效果也就不同。如平碾碾压法，作用于土体的荷载就是碾磙的重量；而振动碾碾压时，土体承受的荷载除了碾磙重量，还要承受振动力。振动法压实效果比平碾碾压好。击实法作用于土体的荷载是冲击力，振动法施加给土体的是连续快速的冲击力，比较而言，前者次数少但每次冲击功能较大，后者作用的冲击次数多功能却较小，荷载快速作用又快速离开。对于黏性土，因为颗粒间有黏结力的作用，土颗粒受荷载作用后，发生位移的阻力较大，所以冲击力大的方法压实效果较好。

根据不同压实原理设计的压实工具，压力传播的有效深度有所不同。夯击式机具的压力传播最深，振动式机具次之，碾压式机具作用深度最浅。

3.4.2.3 压实功能的影响

作用于土体的压实功能的大小影响土的干密度。试验表明[13]，当压实功能较小时，土的干密度随压实功能增大而增大，但当压实功能增加至某一个值以后，干密度的增长率会减小，压实效果降低。原因是土体颗粒受外力作用之后，内部应力会发生变化，从而失去原来的平衡状态，颗粒之间克服摩擦阻力因而彼此移动、互相填充出现新的排列，因此空隙减小，密度增大；施加的外力越大，促使颗粒移动充填的能量也就越大，土体越来越密实；当土体密实度达到一定程度之后，颗粒间空隙很小，即使增加压实功能，颗粒间再移动充填是相当不容易的，因此干密度增长率降低，这时候再增加压实功能，必然很不经济。

根据这个性质，可选择最优压实功能，以此为依据选择合适的压实机具及压实方法。

3.5 自燃煤矸石山治理中的覆盖系统剖面

根据以上理论分析，自燃煤矸石山治理，可以在自燃煤矸石山表面构建有效覆盖层以隔氧阻燃，该覆盖层需要有一定的密实度，当其中水分含量散失或蒸发时候，土层会松散甚至形成裂隙。因此有效覆盖层的上表面应该覆土进行绿化栽植，一方面可为下覆土层蓄积水分保护空气阻隔性，另一方面也是煤矸石山综合治理的基本要求。本研究以阳泉煤业集团三矿煤矸石山的综合治理为例，给出自燃煤矸石山综合治理中覆盖系统剖面设计结构。

阳泉煤业集团三矿煤矸石山是一座老矸石山，总治理面积约 395 亩*，排矸年限已经有 20 余年，自燃遍布整座矸石山，若采用降低煤矸石山的堆积高度和安息角或分层碾压等措施进行防灭火治理，必然导致投资费用的增加，所以治理该煤矸石山，采用了“表层覆盖、整体封闭、全面绿化”的治理措施。根据当地实际情况，并依据就地取材、废物利用、经济节约等原则，在选择覆盖层材料时，除当地黄土之外，考虑添加粉煤灰。设计的自燃煤矸石山绿化治理最终覆盖为分层结构，如图 3.3 所示。覆盖系统剖面从表层向内依次为：植被层、表土层、有效覆盖层、煤矸石。

---

* 1 亩≈667 m^2。

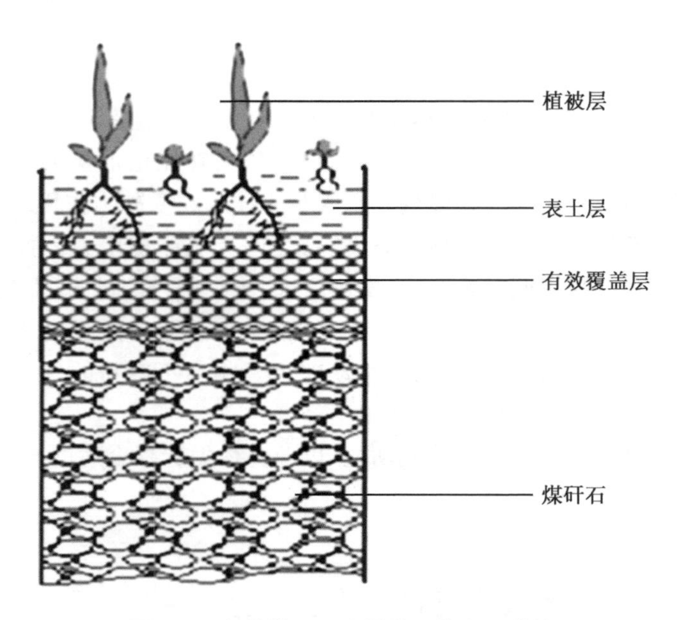

图 3.3　自燃煤矸石山覆盖系统剖面结构

Fig. 3.3　Cross-section plan of the cover system

首先对煤矸石山表层进行碾压，碾压的目的一方面减小了煤矸石表层孔隙率，有助于防渗，另一方面改善松软基础以构建隔离层。有效覆盖层(简称覆盖层)的功能就是隔氧防燃，由惰性材料经碾压达一定密实度，从而保证一定的空气阻隔性，主要材料为当地黄土，也可在黄土中掺入经济而有效的其他材料如粉煤灰，经试验设计按比例掺入，材料覆盖于煤矸石山坡面，经碾压达到一定的密实度(0.85)，使之具备一定的空气隔离效果，从而阻断外界空气渗入煤矸石山内部，达到防止煤矸石山自燃的目的。在有效覆盖层之上再覆盖自然土或营养土(壤土)，按具体情况选择表土层厚度(不低于 20 cm)，在此基础上进行植被栽植。带有植被的表土层可有效防止下面覆盖层因干燥脱水引起的干裂，从而保证维持其一定的空气阻隔性。另外，绿色植被层可有效防止风、雨对覆盖土的侵蚀，并减小外界温度对煤矸石山的影响。

现场实施见图 3.4。

图 3.4 施工现场

Fig. 3.4 Construction site

a. 初步整地 b. 覆盖惰性材料 c. 黄土中掺入粉煤灰

d. 坡面碾压 e. 施工现场用来构筑排水沟的生态袋 f. 治理一年后的绿化效果

3.6 小结

首先,分析了煤矸石山自燃的供氧条件及防治自燃的途径,指出通过改变煤矸石堆体的孔隙率或加强表层覆盖物的阻隔性,可有效隔断煤矸石山供氧条件,达到阻燃目的。其次,分析在煤矸石山表面构建覆盖层、全面封闭的可行性,剖析了覆盖层阻燃效果的三个决定性因素并分别讨论,给出覆盖材料与覆盖厚度的优选原则,分析了压实效果的影响因素。最后,结合阳泉煤业三矿煤矸石山实际条件,给出包含有效隔氧阻燃覆盖层的自燃煤矸石山覆盖系统剖面设计结构。

4 自燃煤矸石山覆压阻燃效果的检测试验设备研制

4.1 问题的提出及意义

在自燃煤矸石山治理中，堆体表面覆盖惰性材料，通过碾压增加其密实度，可降低材料的空气渗透性，从而使覆盖层达到一定的阻燃效果，有效阻隔外界空气进入煤矸石山内部，阻断内部煤矸石的氧化蓄热进程，达到防止煤矸石山自燃的目的。因此，空气对自燃煤矸石山覆盖层的渗透能力(permeability)，可直接反映覆盖层阻隔空气、防治煤矸石山自燃的有效性，是检测自燃煤矸石山覆压阻燃效果的一个重要表征参数。

考察目前自燃煤矸石山的治理实践，应用覆压技术达到治理目标的难题在于：

(1)覆盖层的构型包括覆盖材料的选择、覆盖层厚度及碾压强度的设计，如何满足阻隔空气、防止煤矸石自燃的要求；

(2)自燃煤矸石山的覆盖层，受煤矸石特性、水分含量、植被生长等因素的影响，其空气阻隔性能及渗透性能如何变化，如何保持覆盖层的长期有效性；

(3)如何检测覆盖层的空气阻隔性。

分析以上难题，核心在于覆盖层空气阻隔性能(barrier property)的检测方法。对于自燃煤矸石山治理实践而言，这是一个亟待研究和解决的问题，也是自燃煤矸石山覆压效果监测的迫切要求。

到目前为止，国内该方面的研究和报道还不多。市面上提供的透气性测试仪(气体渗透仪)多适用于塑料薄膜、复合薄膜、片材、金属箔片、涂层等高聚物材料及相关产品的透气与阻隔性测试，专用于气体渗透性较低的材料。对土体等透气性相对较高的材料，市场上提供的透气性测试设备发展极不均衡，用于纺织物、纸张等材料的透气性测试仪较多。而用于测定土壤或岩石渗透性的仪器，则多是对水、油等液质流体进行的测试。有报道称近年来对混凝土透气性的研究逐渐被重视，但目前没有固定的测试方法及测试手段，也没有通用的测试设备，多是依据自己行业要求自行设计的装置，且适用试件多为尺寸较小（包括直径、厚度一般为几到几十个毫米不等）的成型固块。

因此，需要研究如何进行煤矸石山覆盖层土样阻隔性能的测试及模拟试验。本文在研究过程中，基于国内外相关研究基础，提出并研制了一种简便、快捷的方法和设备，用于室内模拟试验，可测试自燃煤矸石山覆盖层的空气阻隔性及阻燃效果。同时，该设备的研制也为自燃煤矸石山覆盖层的构建提供一种质量检测方法，为覆盖材料的选择、覆盖层厚度及覆压设计提供一定参考数据，从而保障覆盖层构型的有效性，达到防止煤矸石山自燃的目的，减少煤矸石山对周围环境的危害并改善矿区生态环境。

4.2 设备研制的理论基础

自燃煤矸石山治理中，覆盖层是由土类等惰性材料予以一定工程措施构成的，其目的是阻止空气渗入煤矸石山内部以防止煤矸石中硫的氧化蓄热，从而达到阻氧防燃目的，因此，空气阻隔性是覆盖层的重要物理性质，也是自燃煤矸石山阻燃效果的重要物理指标。而空气阻隔与空气渗流是不同角度表述的同一个物理现象，因此，通过测定覆盖层的空气渗透性，即可反映其空气阻隔能力及覆压阻燃效果。

4.2.1 覆盖层中空气的渗流理论

自燃煤矸石山治理中的覆盖层，是通过土质惰性材料覆盖并施以工程措施构造而成的，因此，可借助土类多孔介质中流体力学的有关理论，研究覆盖层中空气的渗流规律。达西定律（Darcy's Law）被广泛用于描述多孔介质中流体的渗流运动，与其他经验公式一致的是，达西定律也有其适用范围，在层流状态下描述渗流运动较为理想。

4.2.1.1 覆盖层中空气的流动状态

流体在多孔介质中的渗流运动，有层流和紊流，不同的流动状态用不同的模型描述，因此，需研究自燃煤矸石山覆盖层中空气的流动状态。

本文研究的覆盖层由土质惰性材料构成，因此需要研究土类中流体的运动状态。研究表明，可将土壤中大量的、能够供流体运动的孔隙和通道，近似看成是由一系列尺寸大小不等、相互连通的毛细管组成[107]，一般来讲，这些毛细管非常微小，使得渗流流体在其中运动时，因黏滞阻力较大而流速缓慢。所以一般情况下，认为土壤介质中流体渗流状态属于层流[110]。

也可以依据雷诺实验判别流动状态，即从雷诺数入手进行判别[105]。雷诺实验证明，对于运动黏度 υ 不同的流体，在直径为 D 的管道中以不同流速 v 流动，处于临界流动状态时的雷诺数是相等的，因此，可依据临界雷诺数判别不同条件下的流动状态。定义雷诺数 Re 是流体惯性力与黏滞力之比，是一个无因次的数值，当流速增大时，黏滞力会失去主控作用，使得渗流运动的流态发生变化，由层流转入紊流。

在工程上，通常雷诺数的表达式为：

$$\mathrm{Re} = \frac{vD}{\upsilon} \tag{4-1}$$

式中，Re——雷诺数；

v——流体在圆管中的平均流速，$\mathrm{m \cdot s^{-1}}$；

D——圆形管直径，m；

υ——流体的运动黏性系数，$\mathrm{m^2 \cdot s^{-1}}$。

工程中，一般取圆管的临界雷诺数为 2 000，即圆管中流体流态的判别条件为：当 $\mathrm{Re} \leqslant 2\ 000$ 时，液体呈层流状态；当 $\mathrm{Re} > 2\ 000$ 时，开始向紊流过渡；当 $\mathrm{Re} \geqslant 10\ 000$ 时，呈现完全紊流状态[11,133]。

对于本文研究的土质惰性材料，计算土壤材料中的雷诺数，用渗流速度 v 代替管道内流体的平均速度，以土体介质的颗粒平均粒径 d 代替圆管直径 D，则雷诺数 Re 的计算式为：

$$\mathrm{Re} = \frac{\text{惯性力}}{\text{黏性力}} = \frac{\rho v d}{\mu} \quad \text{或} \quad \mathrm{Re} = \frac{vd}{\upsilon} \tag{4-2}$$

式中，Re——雷诺数；

ρ——流体的密度，$\mathrm{kg \cdot m^{-3}}$；

d——土体介质颗粒的平均半径，m；

v——流体的渗流速度，$\mathrm{m \cdot s^{-1}}$；

μ——流体的动力黏度，Pa·s(kg·m^{-1}·s^{-1})；

υ——流体的运动黏度，是流体的动力黏性系数与密度的比值，$\upsilon=\dfrac{\mu}{\rho}$。

以雷诺数为参数进行研究，可以确定反映达西定律适用范围的临界雷诺数。芬奇等于1967年提出[11]，经试验结果表明，临界雷诺数为Re＝1，该值相当于紊流的开始界限，也即Re≤1时，达西定律适用。司立希特则于1961年研究提出，土质介质的平均粒径在0.01～3 mm范围时，达西定律是适用的[135]。

4.2.1.2 覆盖层中空气的渗流规律

多孔介质的渗透率表征在外加压力梯度的作用下流体通过多孔介质的难易程度，是多孔介质的重要特性参数之一。1856年Darcy提出的渗流定律给定了压力梯度与流体通过多孔体的宏观速度的关系，是多孔介质渗流力学的基础[11]。一维Darcy定律的微分形式为

$$\frac{\mathrm{d}P}{\mathrm{d}x}=\frac{\mu}{K}v \tag{4-3}$$

式中，v——达西速度(又被称为渗流速度)；

μ——流体的动力黏度；

K——只与多孔介质结构特性有关的达西渗流系数(渗透率)。

实践表明，达西(Darcy)定律适用于呈线性阻力关系的层流运动，而压差不大的天然土体中，多数土体的渗流运动呈线性阻力或近似线性阻力关系[135]，因此，达西定律至今广泛应用于土力学的各个方面。

研究表明，煤矸石山是暴露在地表表面的堆体，未自燃的煤矸石山内外压差不会超过大气压的十分之一[23,40-42]，该范围内气体的密度与黏滞性变化很小，可忽略不计，因此，可以将空气在煤矸石山覆盖层中的流动，当作不可压缩流动来处理，达西定律在这里是适用的。

覆盖层中的气体运移用Darcy定律来描述，气体的流速与气体压力梯度成正比[11]，即：

$$v_g=-\frac{k_g}{\rho_g g}\frac{\partial u_g}{\partial z} \tag{4-4}$$

式中，v_g——气体的流速，m·s^{-1}；

k_g——气体的一般渗透系数，m·s^{-1}；

ρ_g——气体的密度，$kg \cdot m^{-3}$；

g——重力加速度，$m \cdot s^{-2}$；

$\frac{\partial u_g}{\partial z}$——气体压力梯度，$Pa \cdot m^{-1}$。负号表示的是气流运动方向与压力梯度方向相反。

另外，气体渗透特性除用一般渗透系数 k_g 表示，也可用介质的固有渗透系数 K 和常用渗透系数 k'_g 来表示，它们的关系为：

$$\left.\begin{aligned} k'_g &= \frac{k_g}{\rho_g g} \\ K &= \frac{k_g \mu_g}{\rho_g g} \\ k'_g &= \frac{K}{\mu_g} \end{aligned}\right\} \tag{4-5}$$

式中，K——固有渗透系数，即达西渗流系数，简称渗透率，m^2 或 darcy；

μ_g——气体的动力黏性系数，$Pa \cdot s$；

k'_g——气体的常用渗透系数，$m \cdot s^{-1}$。

固有渗透系数 K（即渗透率）反映多孔介质（如土体）中孔隙的尺寸、形状、曲折度以及孔隙的分布等情况，对于给定的多孔介质来说，K 是与流体性质无关的常量。气体的常用渗透系数 k'_g 与黏滞系数 μ_g 有关，而 μ_g 与流体的温度和压力有关（压力的影响相对较小）。在给定的温度和压力下，k'_g 为常量。而气体的一般渗透系数 k_g 不仅与 μ_g 有关，且与气体的密度 ρ_g 有关。

覆盖层中的气体运移也可用 Fick 定律描述，并可建立传导系数 D_g^* 与常用渗透系数 k'_g 之间的换算关系[11]。本研究认为，覆盖层中气体运移以对流为主（根据本文 2.2 论述），并满足 Darcy 定律。为消除气体密度 ρ_g 的影响，将式(4-5)中第 1 项代入式(4-4)，得到 Darcy 定律的另一表达式，即

$$v_g = -k'_g \frac{\partial u_g}{\partial z} \tag{4-6}$$

由式(4-6)可知，为获得气体渗透系数 k'_g，需要测量的参数，主要有气体压力 μ_g 和流速 v_g 或流量 Q_g，$v_g = Q_g/A$（A 为试样的横截面积）。

4.2.2 覆压阻燃效果测试的基本原理及方法

煤矸石山治理中，覆盖层的主要作用就是阻隔空气，减少空气渗透，防止煤

矸石山内部发生自燃。根据已有研究成果,具有一定阻隔性的土壤材料可减少单位时间单位面积上材料透过的空气数量[135],由此可知:第一,在自燃煤矸石山选择具有一定空气阻隔作用的材料进行覆盖,可以降低覆盖层中的空气渗流速度,减少煤矸石山外部新鲜空气的渗入量,从而达到防止煤矸石山自燃的治理目标;第二,覆盖层的阻隔性能及阻燃效果,可通过空气渗透性相关物理指标来表征,即表征空气阻隔性能的最佳物理量,就是覆盖层的空气渗透系数及渗透率。

基于以上分析,本试验拟通过测定及计算材料对空气的渗透性相关指标,如空气渗透流量、渗透速度及材料的渗透率,来评价覆盖材料的阻隔性能。其判定准则为:渗透率大,即空气渗透性好,表明覆盖材料的空气阻隔性能差;反之,空气渗透性差,覆盖材料具有较好的空气阻隔性能。

4.2.2.1 空气阻隔性测试的基本原理

根据流体在多孔介质中流动的达西定律,气体在多孔介质中的渗透量除了与材料固有的渗透率有关,还受气体的黏度、气体的渗透距离、气体的流速和压差所影响。在试验中,假设渗流场是均匀的多孔介质,各个方向上的渗透率相等,可以将式(4-5)中第 2 项代入式(4-3),得到试验室中计算均质多孔介质试样渗透率的实用公式,即:

$$K = \frac{\mu_g L}{\Delta P} \cdot \frac{Q_g}{A} = \frac{\mu_g L}{\Delta P} \cdot v_g \tag{4-7}$$

式中,K——试样的固有渗透系数,即渗透率,m^2 或 darcy;

μ_g——试验中渗透气体的动力黏性系数,$Pa \cdot s$;

L——气体在试样中水平渗透距离,m;

ΔP——试验压差,Pa;

Q_g——气体透过试样段单位时间内的流量,$m^3 \cdot s^{-1}$;

A——试样体横截面积,m^2;

v_g——气体的流速,$m \cdot s^{-1}$。

如果考虑气体的黏度或气体可压缩性的影响,可在上式基础上做适当修正:

$$K = \frac{2P_2 \cdot Q_g \cdot L \cdot \mu_g}{A \cdot (P_1^2 - P_2^2)} \tag{4-8}$$

式中，P_1——作用于试样上游端的绝对压力，Pa；

P_2——作用于试样下游端，即测定气体流量处的压力，Pa。

根据式(4-7)或式(4-8)，对于某一试样，试样体横截面积 A 和水平渗透距离 L 是一定的，如果在试样体两端设计一定的压差 ΔP，并测量某一种气体单位时间内透过试样段的流量 Q_g 或者流速 v_g，即可计算该试样的渗透率 K 及该试样对于该种气体的渗透系数 k_g 等表征试样气体渗透性的物理参数。

其中，试验表明，气体的黏度与温度、压力和相对分子质量相关，在低压下(<0.98 MPa)，气体的黏度几乎与压力无关[139]。本研究中，由于煤矸石山暴露于地表，未自燃的煤矸石山覆盖层内，渗流空气的密度与黏滞性变化很小，可忽略不计。在室内测试覆盖层透气性的模拟试验中，根据客观实际设计的试样上下游的试验压差均为低压(<0.05 MPa，大气压的1/2)，因此，试验数据处理中，均认为渗流气体的黏度与密度变化忽略不计。

对原理进行分析，测试土质材料对空气的阻隔作用，可参照空气在土层中的渗流运动，在材料试样两端施加一定气压差，测试单位时间、单位面积上空气通过该介质的渗透量，进而计算材料的空气阻隔性能(用渗透率表征)。

4.2.2.2 空气阻隔性测试的常见方法

材料阻隔性(透气性)的测试方法常见的有两种：压差法和等压法，其中，使用范围最广泛的是压差法[128]。压差法是一种纯粹的物理检测法，其测试原理直接清晰而明了，是透气性测试中的最基本的方法。对于透气性较大的材料，采用压差法检测空气对材料的渗透性，具体又可以分为定流量测压差和定压差测流量两类，定流量测压差法适用于聚氨酯泡沫塑料、软质或半硬质多孔弹性材料的测试；定压差测流量法则主要用于无纺布、纺织品、皮革、土工布等的测试。定压差测流量的方法又有两种形式，第一种，是在一定的温度和湿度下，先保持试样两侧一定的气体压差，通过测量试样低压侧气体压力的变化，从而计算出透气量和透气系数；第二种，是在一定压差下，测试透过试样一定体积空气的时间，再通过测得的流量进行透气性计算。

本研究根据土壤材料的性能从中选择适宜方法进行设备研制。

4.3 设备原理与装置

4.3.1 设备原理

本研究中，为了进行自燃煤矸石山覆压阻燃效果检测试验而研制的设备，是根据差压渗透原理设计的，可直接测定覆盖层试样的空气阻隔性。

其基本方法，就是在一定压差下，测试一定时间段内透过试样的空气量，然后通过测得的气体流量进行渗透性能物理量[如渗透系数($m \cdot s^{-1}$)、渗透率(m^2)等]的计算，是一种定压差测流量的方法。设备原理具体如图 4.1 所示，在覆盖层试样两端施加稳定的气压，记录在此压力下通过试样的气体流量，再转换到渗透系数，以此来评价和比较覆盖层试样的空气阻隔性能。详述如下：

(1)设置直径范围为 120～240 mm 的密闭气腔，该气腔按气路方向由三段腔体依次密封连接而成，上游段为注气腔，下游段为排气腔，中间段为放置有待测土质试样的测试腔，上、下游段气路被测试腔内的试样隔断。

(2)上游注气腔连接空气压缩机并串联一个空气减压阀，下游排气腔连接流量计或可读气体流量的仪表，上游注气腔和下游排气腔分别安装一个气压表，管路连接处密封。

(3)测试时，在外界温度和湿度不变的条件下，向上游注气腔注入稳定气压的气流，气体由空气压缩机供给，并由空气减压阀调节气体流量，形成稳压气源，气体经注气腔进入，渗过测试腔中的试样后，经下游排气腔连接的仪表直接排到大气中。待上下游两压力表读数稳定后，测定试样低压侧通过试样的气体渗透流量。

(4)由测定的透气量、压差、试样参数依据达西定律计算试样的渗透率、渗透系数。

该设备中，可根据试样的空气阻隔性或试验压差的大小，选择流量计记录透气量或者选择流量表记录一定时间段内的气体渗透量。

为满足管路密闭的要求，在管路连接处采用硅橡胶密封，使密封效果非常理想。建议每次试验前，应打压检测设备的气密性，以保证测试质量。

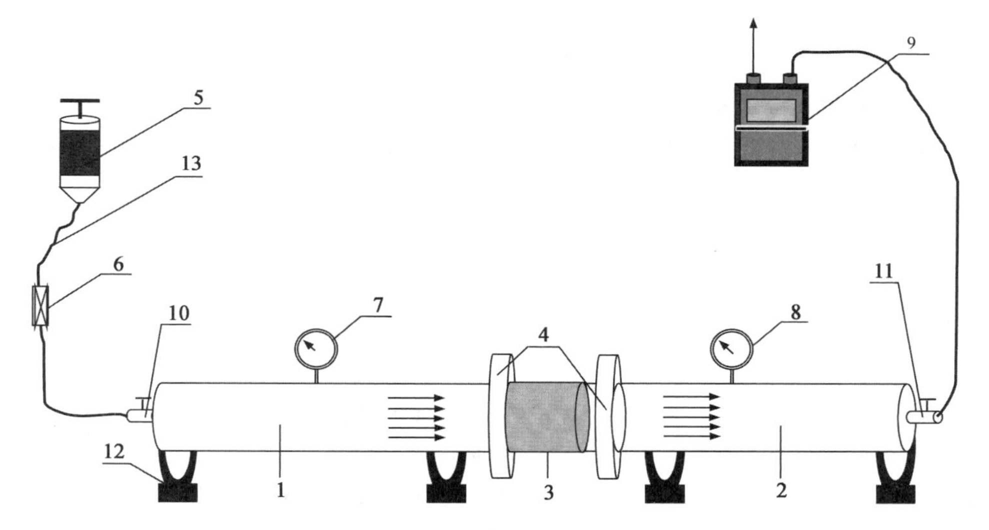

图 4.1 设备结构示意图

Fig. 4.1 Sketch map of the equipment structure

1.注气腔 2.排气腔 3.测试腔 4.法兰 5.空气压缩机 6.空气减压阀 7、8 压力表
9.可读气体流量的仪表(如家用煤气表) 10.注气孔 11.排气孔 12.支架 13.煤气管

4.3.2 设备装置

4.3.2.1 设备组成

设备结构示意图如图 4.1 所示,主要由密闭气腔、压力源、计量元件三大部分组成。

(1)密闭气腔:选用直径 ϕ 为 120～240 mm 的无缝钢管制成密闭气腔。该气腔按气路方向分三段,上游段为注气腔 1,下游段为排气腔 2,注气腔 1、排气腔 2 的纵向长度 D_1、D_2 不小于 1 000 mm,中间段为可放置待测试样的测试腔 3(依据覆盖层试样厚度,选择纵向长度 D_3 为 300 mm、600 mm 或 1 m 的测试腔,以测试不同厚度的覆盖层试样),三段之间用法兰 4 连接,并用橡胶法兰垫密封。注气腔 1 与排气腔 2 另一侧焊接钢板密闭,钢板上分别焊接一个装有阀门的小孔,即为上游端的注气孔 10 和下游端的排气孔 11。上、下游端气路被测试腔 3 内的覆盖层待测试样隔断。

(2)压力源:上游注气腔 1 的注气孔 10 连接一台空气压缩机 5,并串联一个空气减压阀 6,用于向注气腔注入稳定气压的气源,空气减压阀用于调节气压大小。

(3)计量元件:下游排气腔 2 的排气孔 11 连接玻璃转子流量计或可读气体流

量表9(如家用煤气表),仪表出口端连通大气。

注气腔和排气腔还分别安装有压力表7、8。

整个密闭气腔由支架12支撑。各元件之间用耐压煤气管13连接,连接处密封。设备安装之后进行密封打压试验,确保不漏气。

4.3.2.2 设备特点

经试验,该设备具有如下特点:

(1)利用正压差法直接测定试样的透气性,低压为大气压,高压略高于大气压,符合煤矸石山覆盖层实际承受气压,测试过程较好地模拟自燃煤矸石山覆盖层的客观实际;

(2)提供一种大尺寸土质试样透气性的测试设备,根据需要,试样可现场用钻取样也可在测试腔管中模拟制样,灵活方便;

(3)注气腔、测试腔和排气腔三段连接成密封气腔,密闭气体容积大,测试条件更趋稳定;

(4)该设备易于制备,经济实用,测试方法简便容易操作。

4.3.3 设备装置所测参数的分析研究

该设备装置所测量的参数主要是气体流量随时间的变化值,即气体体积 J_g(单位 m^3)和气体流量变化时间 t(单位 s)之比,通过覆盖层试样的透气量为:

$$Q_g = J_g/t \tag{4-9}$$

则透过试样介质的空气渗流速度为:

$$v_g = \frac{Q_g}{A} \tag{4-10}$$

再考虑试样两侧压差 ΔP 及试样长度 L,采用土层中均匀渗透场的假定方法及气压的等效水力坡度理论[124],依据达西定律计算试样的渗透率 K 和空气渗透系数 k_g。具体公式如下:

$$K = \frac{\mu_g L}{\Delta P} \cdot \frac{Q_g}{A} = \frac{\mu_g L}{\Delta P} \cdot v_g \qquad \text{同式(4-7)}$$

$$k_g = \frac{K \rho_g g}{\mu_g} \tag{4-11}$$

或

$$k_g = \frac{Q_g L \rho_g g}{\Delta P \cdot A} \tag{4-12}$$

式中的 K 和 k_g 分别为试样的固有渗透率和空气渗透系数，这两个物理量均可表征覆盖层试样的空气阻隔性能，阻燃效果则以一定条件下覆盖层中的空气渗流速度 v_g 进行评价。

4.4 设备性能检测

4.4.1 气密性检测

将试验设备各部件安装，下游封闭，试验管中为空，形成一连通密闭气腔，然后对该设备进行气密性检验。启动气泵注气打压，压力表读数显示接近 0.4 MPa 时，停止注气，再调节出气端气阀令压力稳定至 0.2 MPa。检测显示，10 h 内压力无降低迹象，证明该测试系统密封不漏气。且检测过程中对所有焊缝和连接部位涂刷肥皂水进行检查，无泄漏现象。说明该设备在压差 0.2 MPa 时，10 h 之内可以保证密闭，能满足本试验中土质材料覆压阻燃效果的测试要求。

4.4.2 精密度检验

任何测量系统的测量成果都不可避免带有误差，按其来源，分为测量操作人员引起的误差和测量仪器引起的误差两大类，这些误差按其表现及对测量结果的影响，可分为重现性、准确性、重复性、线性等形式，其中，重现性与重复性引起的测量误差是最难以把握的。因此，专门设计实验，研究设备的这两种误差。

首先，为检验研制设备测量数据的精密度，进行数据重现性(reproducibility)检验。数据的重现性是指不同的操作人员用同一个测量系统测试同一个样品，得到的数值不完全相同，主要反映的是因操作人员引起的误差。

该检验由不同人员分别在不同压差下，重复测试同一粉煤灰试样的空气渗透性。因为粉煤灰透气性较好，空气渗流速率较快，采用流量表联合计时器测量空气的渗透流量的方法，由下式计算出空气渗透流量。

$$Q_g = J_g/t \qquad \text{同式(4-9)}$$

不同试验压力下原始测量值记录簿见表 4.1。在表中进行数据分析，可知，不同压差下的试验结果偏差系数小于 10%，对于此类透气性模拟试验，该偏差系数较低，可以接受。因此，认为该仪器的复演性较好，仪器设备测量系统较为稳定，能获得满意的测量数据。

表 4.1 测量原始记录簿

Table 4.1 The notebook of firsthand measurement

序号	读数									
	0.01 MPa		0.02 MPa		0.03 MPa		0.04 MPa		0.05 MPa	
	流量表读数/m³	时间 t/s	流量表读数/m³	时间 t/s	流量表读数/m³	时间 t/s	流量表读数/m³	时间 t/s	流量表读数/m³	时间 t/s
	3.882 0		3.931 0		3.991 0		4.067 0		4.150 0	
1	3.883 0	11.12	3.932 0	5.41	3.992 0	3.68	4.068 0	2.53	4.151 0	2.23
2	3.884 0	10.84	3.933 0	5.04	3.993 0	3.63	4.069 0	2.75	4.152 0	1.90
3	3.885 0	11.37	3.934 0	4.96	3.994 0	3.11	4.070 0	2.64	4.153 0	1.93
4	3.886 0	10.43	3.935 0	4.38	3.995 0	3.65	4.071 0	2.62	4.154 0	2.22
5	3.887 0	9.79	3.936 0	5.46	3.996 0	3.52	4.072 0	2.75	4.155 0	1.81
6	3.888 0	10.83	3.937 0	4.51	3.997 0	3.42	4.073 0	2.76	4.156 0	2.32
7	3.889 0	11.70	3.938 0	4.89	3.998 0	3.43	4.074 0	2.75	4.157 0	1.92
8	3.890 0	10.37	3.939 0	4.32	3.999 0	3.82	4.075 0	2.83	4.158 0	2.29
9	3.891 0	9.38	3.940 0	4.50	4.000 0	3.09	4.076 0	2.70	4.159 0	1.96
10	3.892 0	9.62	3.941 0	4.51	4.001 0	3.58	4.077 0	2.43	4.160 0	2.41
11	3.893 0	10.71	3.942 0	5.23	4.002 0	3.07	4.078 0	2.81	4.161 0	1.83
12	3.894 0	9.51	3.943 0	4.61	4.003 0	3.47	4.079 0	2.83	4.162 0	2.21
13	3.895 0	10.75	3.944 0	5.18	4.004 0	3.31	4.080 0	2.41	4.163 0	2.08
14	3.896 0	9.68	3.945 0	4.54	4.005 0	3.19	4.081 0	2.67	4.164 0	2.06
15	3.897 0	10.18	3.946 0	6.01	4.006 0	3.62	4.082 0	2.52	4.165 0	2.01
16	3.898 0	12.27	3.947 0	5.02	4.007 0	3.62	4.083 0	2.60	4.166 0	2.20
17	3.899 0	10.26	3.948 0	4.58	4.008 0	3.40	4.084 0	2.72	4.167 0	1.88
18	3.900 0	10.16	3.949 0	5.21	4.009 0	3.66	4.085 0	2.43	4.168 0	2.24
19	3.901 0	9.60	3.950 0	4.73	4.010 0	3.54	4.086 0	2.86	4.169 0	1.85
20	3.902 0	9.73	3.951 0	4.67	4.011 0	3.59	4.087 0	2.33	4.170 0	2.17
平均时间 t	10.42		4.89		3.47		2.65		2.08	
标准偏差 δ	0.77		0.42		0.21		0.15		0.18	
偏差系数 $C.V$	7.37%		8.67%		6.07%		5.83%		8.66%	

关于仪器测量数据的重复性(repeatability)检测,见后面4.5.3节。重复性反映的是仪器所能引起的误差,是指同一个操作人员用同一测量系统,重复测试同一个样品得到的测量值不完全相同。检验结果表明,偏差系数在10%之内,较为理想。

4.5　设备可靠性试验

本研究研制了能测量覆盖层隔氧阻燃效果的土壤透气性测试设备,其测量结果是否满足设计要求、数据规律性是否与设计原理吻合,需要进行可靠性试验及分析。只有测量的数据满足客观实际及设计要求,设备才可有效使用。

本次试验目的,就是为了研究和衡量设备装置性能的好坏。试验通过测试不同密实度粉煤灰试样在不同压差下的空气渗透速度及渗透率,检测系列数据的变化趋势是否符合客观规律,同时对测量结果的精度进行分析,从而达到检验设备测量质量可靠性的目的。

4.5.1　试样制备

将掺好水的粉煤灰搅拌均匀,然后在试样管中制样。为达到一定的密实度,采用分层填土、分层击实的办法,按照设计的单位击实功选择不同击实次数,依据土质材料的压实原理,在一定击实功范围内,对土样施加不同的击实功对应不同的压实密度。本次试验测试三种不同密实度的粉煤灰试样,根据试验条件,依次进行。试样详细制备方法,见表4.2。

表4.2　试样的击实强度设计

Table 4.2　Compacted strength design of sample

项　　目	不同试样的击实参数		
	H-A	H-B	H-C
含水率 ω/%	30	30	30
试样体积 V/cm^3	6 028.8	6 028.8	6 028.8
铺土层数 n	3	3	3
每层土的击实次数 N	5	15	25
单位击实功 $E/(kJ \cdot m^{-3})$	50.2	150.6	251.0
总击实功/J	303	908	1 513
备注	击实功 $E=WdNn/V$,其中重型击锤的重量 W 为4.5 kg,落距 d 为0.457 m		

4.5.2 数据采集及计算

在本试验中，用直径 ϕ 为 159 mm 的无缝钢管制成密闭气腔，注气腔、排气腔的纵向长度均为 1 000 mm，测试腔即试样管的纵向长度为 300 mm；注气腔安装的空气压缩机为 ZB-0.1/8 型(工作压力 0.8 MPa)，串联的空气减压阀可调量程 0～0.1 MPa；注气腔安装的压力表量程为 0.1 MPa，排气腔安装的压力表量程为 16 kPa，测试过程中的压差以注气腔压力表读数为准；下游排气孔连接一个流量表，其另一个接口连通大气。

设备装置如图 4.2 所示。

图 4.2　设备安装

Fig. 4.2　Installation of the equipment

具体测试步骤及计算步骤如下：

(1)测试时，在外界温度与湿度保持稳定的条件下，在测试腔即试验管中装入覆盖层土质试样(本次为粉煤灰)，注意将试样周边捣实或用密封蜡防止侧漏；

(2)将测试腔两端分别与注气腔、排气腔用法兰及法兰垫密封连接；开启空气压缩机，调节空气减压阀，当注气腔的压力表指针稳定在预定的实验压力值(如 0.01 MPa、0.02 MPa，……，0.05 MPa)，且下游压力表指针稳定于零时(此时注气腔压力表显示的压力值为试样两侧压差 ΔP)，记录压力并开始测量空气渗透流量；

(3)通过排气腔一端的流量表读取气体流量随时间的变化值 J_g(单位 m^3)，此即为通过试样渗透的空气数量，同时用秒表的“以圈计时”法记录煤气表流量变化

时间 t(单位 s),则透气量 $Q_g=J_g/t$;

(4)根据测定的透气量 Q_g、试样两侧压差 ΔP、试样横截面积 A,计算空气渗流速度,然后再依据达西定律,计算试样的渗透率 K 和空气渗透系数 k_g。具体公式如下:

$$v_g=\frac{Q_g}{A} \qquad \text{同式(4-10)}$$

$$K=\frac{\mu_g L}{\Delta P}\cdot v_g \qquad \text{同式(4-7)}$$

$$k_g=\frac{K\rho_g g}{\mu_g} \qquad \text{同式(4-11)}$$

或

$$k_g=\frac{Q_g L\rho_g g}{\Delta P\cdot A} \qquad \text{同式(4-12)}$$

式中,K——试样的渗透率,m^2 或 darcy;

μ_g——空气的动力黏性系数。标准大气压,温度 20℃时,取值为 1.83×10^{-5} Pa·s;

L——空气渗流长度,也即试样厚度,该实例中为 0.03 m;

ΔP——试验压差,也即试验中注气腔压力表指示的试验压力。该实例中分别为 10 000～50 000 Pa;

Q_g——空气透过试样段单位时间内的流量,$m^3\cdot s^{-1}$;

A——空气渗流截面积,也即试样体横截面积,m^2;

v_g——气体的流速,$m\cdot s^{-1}$;

k_g——试样对空气的渗透系数,$m\cdot s^{-1}$;

ρ_g——空气的密度。取值 1.205 $kg\cdot m^{-3}$;

g——重力加速度。取值 9.81 $m\cdot s^{-2}$。

详细计算在 Excel 中进行,其中试样 H-B 的相关计算项目见表 4.3。

4.5.3 结果及分析

对测算结果进行分析。

4.5.3.1 空气渗透速度

在不同压差下,测试不同密实度粉煤灰试样的空气渗透速度,结果见表 4.4 及图 4.3。

表 4.3 计算参数及结果

Table 4.3 Illustrating of calculation

项目	两侧压差/MPa					备注
	0.01	0.02	0.03	0.04	0.05	
煤气表流量 J_g/m^3	0.001	0.001	0.001	0.001	0.001	
流量 J_g 的平均时间 t/s	104.15	48.88	34.70	26.47	20.76	
空气渗透流量 $Q_g/(m^3 \cdot s^{-1})$	9.60×10^{-6}	2.05×10^{-5}	2.88×10^{-5}	3.78×10^{-5}	4.82×10^{-5}	$Q_g=J_g/t$
断面渗透速度 $v_g/mm \cdot s^{-1}$	0.48	1.02	1.44	1.89	2.41	$v_g=\frac{Q_g}{A}$
雷诺数 Re	0.03	0.07	0.09	0.12	0.15	$Re=v_g d_{10}/\upsilon$
空气的密度 $\rho/(kg \cdot m^{-3})$	1.205	1.205	1.205	1.205	1.205	
重力加速度 $g/(m \cdot s^{-2})$	9.81	9.81	9.81	9.81	9.81	
空气动力黏度 $\mu/(\mu Pa \cdot s)$	18.3	18.3	18.3	18.3	18.3	
渗透率 $K/\mu m^2$	0.212 61	0.226 50	0.212 71	0.209 13	0.213 32	$K=\frac{\mu_g L}{\Delta P}v_g$
渗透系数 $k_g/(m \cdot s^{-1})$	$1.373\,4\times10^{-7}$	$1.463\,1\times10^{-7}$	$1.374\,0\times10^{-7}$	$1.350\,9\times10^{-7}$	$1.378\,0\times10^{-7}$	$k_g=\frac{Q_g L \rho_g g}{\Delta P \cdot A}$

表 4.4 粉煤灰不同压差下的空气渗透速度

Table 4.4 Air seepage velocity of pressure difference of fly ash $m \cdot s^{-1}$

试样	压差/MPa				
	0.01	0.02	0.03	0.04	0.05
H-A	$8.005\,06\times10^{-4}$	$1.915\,34\times10^{-3}$	$2.887\,59\times10^{-3}$	$4.354\,07\times10^{-3}$	$5.654\,19\times10^{-3}$
H-B	$4.800\,77\times10^{-4}$	$1.022\,91\times10^{-3}$	$1.440\,92\times10^{-3}$	$1.888\,93\times10^{-3}$	$2.408\,48\times10^{-3}$
H-C	$1.308\,02\times10^{-4}$	$3.125\,93\times10^{-4}$	$4.722\,66\times10^{-4}$	$6.720\,11\times10^{-4}$	$8.852\,30\times10^{-4}$

结果显示：

(1)不同试样的空气渗透速度与试验压差均呈线性比例递增，进一步验证，该试验条件下，试样中的空气渗流运动为层流，在达西定律适用范围。

(2)线性模型的斜率随试样密实度增加而减小。密实度大的试样渗流速度线性斜率较小，说明该试样空气阻隔性能强，对压差变化的敏感度降低，渗流速度随压差的变化率减小。

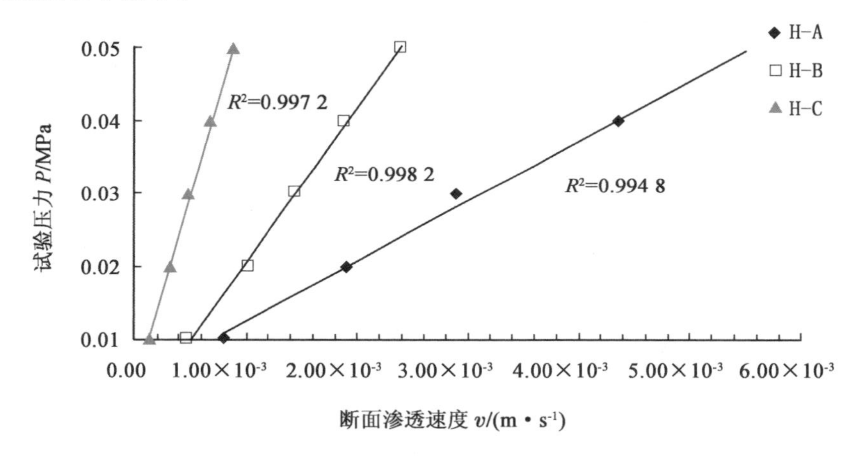

图 4.3 渗透速度与试验压力的关系

Fig. 4.3 The relation of seepage velocity and test pressure

4.5.3.2 雷诺数

流体在介质中的渗流状态，可以雷诺数作为参数进行判别，以确定达西定律是否适用。芬奇等(1967)依据试验结果认为，在土体介质中，层流运动的极限雷诺数 Re 为 1，此界限值相当于紊流的开始，即 Re $\leqslant$ 1 时，达西定律适用[7]。

雷诺数可通过试样的空气渗流速度来计算，公式为：

$$\mathrm{Re} = v_g d / \upsilon$$

式中，Re——雷诺数；

υ——空气的运动黏度。标准大气压，温度 20℃时，取值为 $1.57\times10^{-5}\ \mathrm{m^2\cdot s^{-1}}$；

d——特征孔隙尺寸。有学者提出用土的 d_{10}、d_{50} 等特征粒径进行计算，但未被人们普遍接受[11]。本试验中粉煤灰过 1 mm 筛，此处取值 0.001 m；

v_g——气体的流速，$\mathrm{m\cdot s^{-1}}$。

计算结果表明，在压差小于 0.05 MPa 的范围内，根据透过阻隔性较差的粉煤灰的空气渗流速度，雷诺数计算结果均小于 1(结果见表 4.5 及图 4.4)。因此，判别空气在该条件下的渗流运动为层流状态，可用达西定律描述或计算渗透率、渗透系数等。

表 4.5　雷诺数(Re)计算

Table 4.5　Reynolds number calculating

试样	压差/MPa				
	0.01	0.02	0.03	0.04	0.05
H-A	0.051	0.122	0.184	0.277	0.360
H-B	0.031	0.065	0.092	0.120	0.153
H-C	0.008	0.020	0.030	0.043	0.056

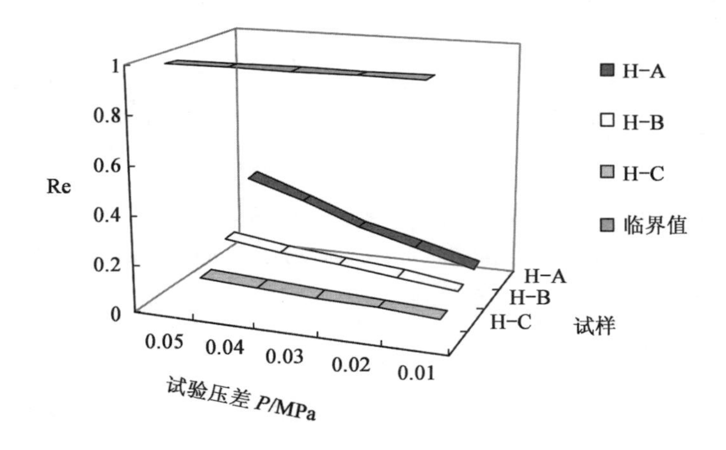

图 4.4　雷诺数比较

Fig. 4.4　Comparing the Reynolds number

4.5.3.3　渗透率

通过观测量计算渗透率，表征该试样的空气阻隔性。结果见表 4.6 和图 4.5。

因为渗透率表示的是一个只与多孔介质结构特性有关的物理量，也叫达西渗流系数，主要决定于介质的孔隙大小及孔隙结构，因此，其大小与测试压力无关。

计算结果显示，不同压差下的测定结果偏差系数依次为 8.59%、3.13%、6.51%，均小于 10%。测试结果比较理想，也进一步反映了该测试方法及测试系统可重复性好，在一定条件下可得到较为可靠的测试数据。

另外，通过渗透率的计算结果说明，不同的压实功能作用下，试样的密实度不同，其渗透率也不同，密实度大的试样，渗透率较小，空气阻隔性能好，说明试验结果符合客观实际。

表 4.6　渗透率(K)计算结果

Table 4.6　The calculation result of permeability　　m^2

测试压差	试样		
	H-A	H-B	H-C
0.01	2.32×10^{-13}	2.13×10^{-13}	1.27×10^{-13}
0.02	2.54×10^{-13}	2.27×10^{-13}	1.40×10^{-13}
0.03	2.55×10^{-13}	2.13×10^{-13}	1.41×10^{-13}
0.04	2.89×10^{-13}	2.09×10^{-13}	1.51×10^{-13}
0.05	2.80×10^{-13}	2.13×10^{-13}	1.49×10^{-13}
平均渗透率 K	2.62×10^{-13}	2.15×10^{-13}	1.42×10^{-13}
标准偏差 δ	2.25×10^{-14}	6.72×10^{-15}	9.22×10^{-15}
偏差系数 $C.V/\%$	8.59	3.13	6.51

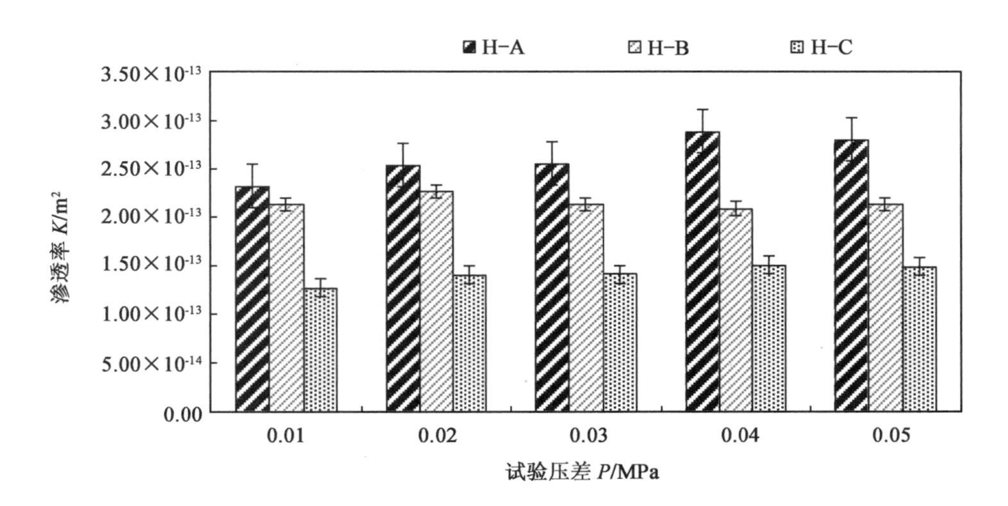

图 4.5　不同试样的渗透率

Fig. 4.5　The permeability of different test sample

4.6 小结

(1)提供了一种设备简单、操作方便、测试快捷的测定自燃煤矸石山覆盖层试件的空气阻隔性的试验方法,可以对覆盖层阻燃效果进行有效评价。该设备由密闭气腔、压力源、计量元件三大部分组成,是一种大尺寸土质试样透气性的测试设备,可给出试样定量的透气性指标如气体渗透流量、渗透速度、渗透系数及渗透率。

(2)通过一系列检测,该测试系统气密性好,数据重现性及重复性较好,测量系统较稳定,测试结果可靠。

(3)对一组不同密实度粉煤灰试样的空气渗透性进行了测试,结果表明,不同试样的空气渗透速度与试验压差均呈线性比例递增,且线性模型的斜率随试样密实度增加而减小。说明,该试验条件下,试样中的空气渗流运动为层流,在达西定律适用范围。密实度大的试样渗透率小,空气阻隔性能强,对压差变化的敏感度降低,渗流速度随压差的变化率减小。

5 自燃煤矸石山覆盖阻燃试验研究

5.1 问题的提出

在煤矸石山堆体表面覆盖惰性材料可以阻隔空气，隔断内部煤矸石氧化蓄热的外部供氧条件，这样可有效预防煤矸石山发生自燃。

目前，在自燃煤矸石山治理中最常用的覆盖材料是黄土，某些矿区也曾自发性地尝试使用粉煤灰、石灰石、污泥等（如阳泉、晋城）直接覆于煤矸石山表面，但实践中存在许多问题。譬如，施工中对覆盖材料的选择、覆盖层厚度的设计，缺乏可靠的、有针对性的研究成果作指导，给出的施工方案往往借鉴的是其他工程的参数或以经验值作参考，使得自燃煤矸石山治理效果及成本难以把握，甚至达不到预期的治理目标。实践中，由于工程参数选择失误而导致治理不到一年的煤矸石山即频频复燃的现象，屡见不鲜（如阳泉、潞安）[39,40,57]。究其原因，目前国内在煤矸石山治理中，有关覆盖材料及其工程应用方面的理论及试验研究都相对较少，而覆盖材料的优选、合理施工，是保障自燃煤矸石山覆盖层阻氧防燃效果的关键所在，不仅关系到自燃煤矸石山治理成败与否，也涉及治理工程的经济、环境成本。

基于此，本研究针对自燃煤矸石山治理工程，通过大量室内试验及理论分析，研究治理中适宜的覆盖材料与覆盖层厚度，以期保障自燃煤矸石山覆盖层具备良好的隔氧阻燃功能，达到煤矸石山防自燃的治理目标。为此，研究首先对覆盖材料的空气阻隔性能进行测试，给出一定的量化指标；并本着节约土源、废物利用、环境效益与经济效益并存的目标，研究粉煤灰用于自燃煤矸石山治理的局限性和可行性，对掺有不同比例粉煤灰的混合材料，系统测试其空气阻隔效果，给出具有指导意义的合理配比方案；在此基础上，根据自燃煤矸石山治理对覆盖层隔氧阻燃功能的要求，分析几种材料用于覆盖必需的覆盖层厚度，最后优选合理的覆盖方案。研究旨在为现场施工提供一定的理论依据及试验参数。

5.2 试验材料、方法与内容

5.2.1 试验材料

5.2.1.1 材料来源

本次试验研究以山西阳泉矿区自燃煤矸石山的治理为例，试验材料均采自阳泉矿区。黄土样品取自阳泉三矿煤矸石山治理现场的黄土料场，经试验分析，有粉土和粉质黏土(简称粉黏)两类。粉煤灰采自该现场附近一燃煤电厂的贮灰场，属于干排灰，该电厂将除尘器收集下来的粉煤灰，通过输送设备直接运输至贮灰场，未经分选，其矿物化学成分以 SiO_2、Al_2O_3 为主，其次是 Fe_2O_3 和 CaO，pH 为 7.58，显示呈弱碱性。

5.2.1.2 基本性质

不同材料样品的基本物理、化学性质见表 5.1、表 5.2。另考虑粉煤灰与粉土、粉黏混合使用的可能性，将粉煤灰按不同体积比分别与粉土、粉黏均匀混合，测试其基本性质。表格中，HF37、HF55 是粉煤灰和粉土以体积比 3∶7、5∶5 均匀混合的材料；HN37、HN55 粉煤灰和粉黏是以体积比 3∶7、5∶5 均匀混合的材料。

表 5.1 试验样品的矿物组成

Table 5.1 Mineral composition of test sample

%

材料	矿物种类和含量								其他矿物含量
	石英	钾长石	斜长石	方解石	白云石	莫莱石	非晶质	角闪石	
粉质黏土	42.4	3.1	6.8	1.4	2.6			0.8	42.9
粉土	37.0	2.0	14.0	12.3	2.4			1.4	30.9
粉煤灰	10.3			1.5		9.7	78.5		

表 5.2 试验材料的粒径分析

Table 5.2 Particle-size analysis of test material

样品材料	累积含量/%			黏粒含量/%（粒径<5 μm）	粉粒含量/%（粒径 5~52.5 μm）	沙粒含量/%（粒径 52.6~250 μm）	不均匀系数 $C_u=\frac{d_{60}}{d_{10}}$
	2 500 目	270 目	60 目				
粉煤灰	0.92	97.81	100.00	0.92	96.89	2.19	
粉土	1.11	96.05	100.00	1.11	94.94	3.95	
粉质黏土	8.40	99.73	100.00	8.40	91.33	0.27	
HF37	3.33	96.66	100.00	3.33	93.33	3.34	小于 5
HF55	0.71	96.45	100.00	0.71	95.74	3.55	
HN37	3.47	99.81	100.00	3.47	96.34	0.19	
HN55	3.21	99.13	100.00	3.21	95.92	0.87	

测定材料颗粒组成（表 5.2，图 5.1、图 5.2）的结果显示，粉煤灰含有 2.19%的沙粒，略低于粉土中的沙粒含量，与粉土、粉黏一样，属于细粒土，该“土壤”主要粒径组成是粉土粒，含量占到 96.89%。各种土样不均匀系数在 1~3 之间，均小于 5，为匀粒土，颗粒级配不尽理想。从粒径分析来看，粉煤灰及掺有粉煤灰的混合土，粒径小，以粉粒为主，应具备一定的阻隔性，具有作为煤矸石山表面的覆盖材料的可能性。图 5.1、图 5.2 分别是粉煤灰-粉黏（5∶5）和粉煤灰的粒度分布图。

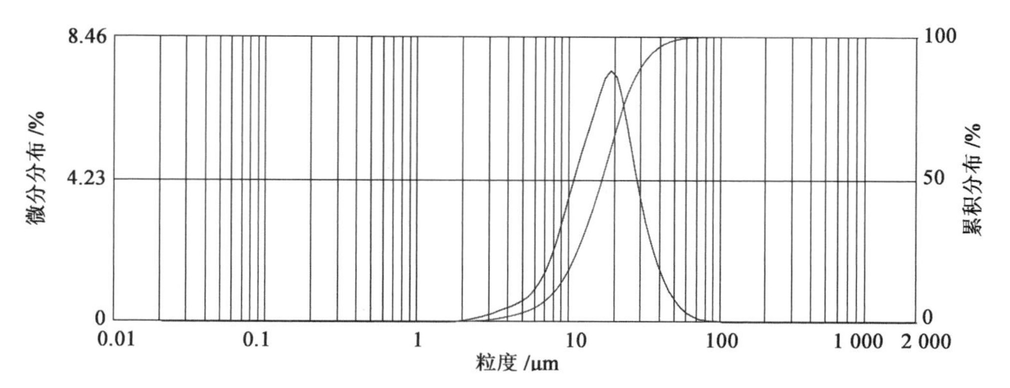

图 5.1 粉煤灰-粉黏（5∶5）（HN55）的粒度分布

Fig. 5.1 Grain size distribution of HN55

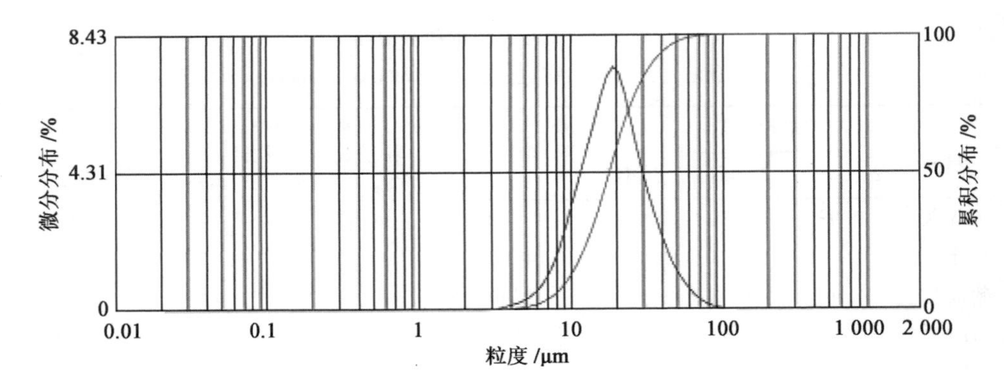

图 5.2 粉煤灰的粒度分布

Fig. 5.2 Grain size distribution of fly-ash

使用比重瓶法测定粉煤灰(H)、粉土(F)、粉黏(N)及粉土、粉黏中掺有不同比例粉煤灰的混合材料的土粒密度,结果见表 5.3。粉煤灰的密度小于粉土和粉黏的密度,以不同比例掺入粉土或粉黏后,原土壤密度相应降低。

表 5.3 试验材料的密度分析

Table 5.3 Densimetric analysis of test material

土号	瓶重/g	烘干土重/g	m_{bws1}	t_1/℃	ρw_1	m_{bw2}	t_2/℃	ρw_2	m_{bw1}	土粒密度/(g·cm^{-3})
H	24.656 9	10.004 9	80.982 8			75.474 1			75.509 83	2.20
F	26.057 4	9.995 1	81.839 6	27.5	0.996 4	75.504 8	30	0.995 7	75.539 56	2.70
HF37	27.771	10.004 8	83.997 5			77.779 9			77.815 06	2.61
HF55	24.182 4	9.999 5	80.333 3			74.269 2			74.304 41	2.51
N	24.767 5	9.995 2	82.481			76.097 5			76.133 59	2.73
HN37	27.512 8	9.997 2	84.134 2			77.837 6			77.872 98	2.67
HN55	26.176 5	9.997 4	81.868 7			75.669 2			75.703 99	2.60

5.2.2 试验方法

本试验为室内试验,根据差压渗透原理并采用自行研制的设备(专利号:ZL 200820123452.9)直接测试不同覆盖材料的空气渗透性,以此表征覆盖材料的空气阻隔效果。

通过模拟现场施工条件,测试不同试验材料在一定条件下的空气阻隔性能,为自燃煤矸石山治理工程选择适宜的覆盖材料提供试验依据。在此基础上，推演合理的覆盖层厚度，保障覆盖层的阻燃效果。顾及煤矸石山碾压条件，本研究基于覆盖材料压实度约85%的条件下进行测试和分析。

5.2.2.1 试样制备

试验材料采集后，即环刀取样测试其天然含水率，而后将试验材料用干法处理。粉煤灰风干，不用过筛，拌匀，取样测定其风干含水率；粉土和粉质黏土经风干碾碎，过5 mm筛，将过筛的土样拌匀，并测其风干含水率。

综合分析试验材料的天然含水率、风干含水率及其轻型击实条件下的最优含水率，确定试样制备的掺水比。本试验中，在风干土样的基础上加水进行制备，对于粉土、粉黏，最终获得含水率为15%的试样；对于粉煤灰，在风干土样基础上掺水，最终获得含水率为35%的试样。掺水的土样拌匀并密闭至塑料桶，静置24 h后使用，以保证试样土中水分均匀。混合材料的制备，则是在单一材料掺水至适宜含水率并密闭静置24 h之后，依照设计的不同材料的体积比，用烧杯量取相应量的不同土样，混合后搅拌均匀。

5.2.2.2 试验步骤

本试验模拟现场施工条件，将制备好的土样装入覆压效果测试设备的试样管中，并采用分层装填、分层击实的方法，施以一定的击实功，使管中试样达到一定的密实度。

为了研究和比较不同覆盖材料的隔氧阻燃性能，各试样在相同单位击实功条件下进行测试。试验中，单位击实功的计算公式如下：

$$E=WdNn/V \tag{5-1}$$

式中，W——击锤质量。该试验用重型击实锤，质量为4.5 kg；

d——落距。重型击实锤落距为0.457 m；

N——每层土的击实次数。该试验中为15击；

n——填土层数。该试验中，厚度为30 cm的试样分3层；

V——试样体积。

单位击实功的设计参照煤矸石山施工现场的作业条件，模拟现场压实功能。煤矸石山现场常采用的压实方法为平碾碾压法，由碾磙的重力作用于土体达到压实目的。阳泉煤矸石山治理现场使用自制碾磙（截面直径1.58 m，宽1.1 m，单位重量3 800 kg），用机动车牵引，在煤矸石山平面或坡面实施碾压作业，经试验，设备在倾角30°的坡面上往返碾压三遍，覆盖土的压实度可达0.85～0.92。本试验中，模拟现场压实条件，采用压实度作为碾压质量控制标准，要求试样压实度在0.85左右，测试其空气阻隔性。实际操作时，在试样管中击实土样的单位击实功为150 kJ・m^{-3}，各种土样的压实度均在85%～90%之间，因此，测试该压实功能作用下试样的空气阻隔性，可联系实际工程条件，为实践提供较可靠的理论依据。

在试样管中装土样时，首先在试样管壁涂薄层润滑油，然后将土样分3层填入管中，并分层击实，每层击实次数均相同(15击)，每层试样厚度均等，击实后控制在10 cm，试样总厚度为30 cm。击实采用4.5 kg的重型击锤，击实落距0.457 m。

试样填装并击实之后，将试样管与测试设备连接，试样管一端通过压力表接稳压气源，另一端通过流量计或流量表接通大气。试样管安装完毕，启动空气压缩机，通过气压表和稳压阀提供试验所需压力的稳压气源。为了提高测量精度，本次试验，每一个试样都变换不同压差进行测试。当空气渗流稳定之后开始从流量计上直接读取空气渗透量，作为试验的主要指标。当流速较快时，也可以通过流量表和计时器记录单位空气体积通过该试样所用的时间，即可计算出试样的透气量。

不同试验内容有详细的试样描述，见5.3节中的表5.4至表5.6。

5.2.2.3 测定项目与方法

(1)空气阻隔性的测定。试验用自制设备(专利号:ZL 200820123452.9)测定试样的空气阻隔性，用渗透率表征，相关测量数据及结果计算如下：

空气渗透流量 Q_g 由测试设备直接或间接测量得出，渗透速度 v_g 是空气渗透流量 Q_g 与渗流截面积 A 的比值。渗透率 K 由达西方程计算：

$$K = \frac{\mu_g L}{\Delta P} \cdot \frac{Q_g}{A} = \frac{\mu_g L}{\Delta P} \cdot v_g \tag{5-2}$$

式中，K——渗透率，m^2 或 darcy；

μ_g——试验中渗透气体的动力黏性系数，Pa・s；

L——气体在试样中水平渗透距离，m；

ΔP——试验压差，Pa；

Q_g——气体透过试样段单位时间内的流量，$m^3 \cdot s^{-1}$；

A——试样横截面积，m^2；

v_g——气体的流速，$m \cdot s^{-1}$。

(2)含水率及密度的测定。试样管中填装土样时，同时用环刀取两个代表性土样，以烘干法测定试样的含水率 ω，当两个测值的差值小于1%时，取平均值。

在空气阻隔性测试完毕后，试样推出试样管之前，用环刀取两个代表性试样测定干密度。干密度的计算公式为：

$$\rho_d = \frac{\rho_0}{1 + 0.01\omega_0} \tag{5-3}$$

式中，ρ_d——试样的干密度，$g \cdot cm^{-3}$；

ρ_0——试样的湿密度，$g \cdot cm^{-3}$；

ω_0——试样的含水率，%。

干密度测定的目的：试验中用来检测一定击实功条件下试样的密实度，即用实测干密度与该材料一定条件下的最大干密度相比较，判定试样的压实程度。

5.2.3 试验内容

根据研究目标，本试验内容包括三个方面：

(1)不同材料的空气阻隔性能。选择阳泉煤矸石山治理现场的粉土、粉质黏土、粉煤灰作为研究对象，研究其空气阻隔性，对其作为覆盖材料的优劣进行量化评价。

(2)粉土中掺入不同比例粉煤灰对空气阻隔性能的影响。粉煤灰是煤矿区常见的、堆存量多的工业废弃物，其物理性能、化学性能显示，作为煤矸石山覆盖材料具有一定的可能性，且粉煤灰的弱碱性对自燃煤矸石山的酸性特征及微生物对硫化物的氧化催化作用有明显的抑制作用(张明亮，2009)。一些矿区也自发性地进行了实践，如阳泉在五矿煤矸石山覆盖厚层粉煤灰，在防燃及绿化方面取得一定的效果，但坡面覆盖的粉煤灰在2008年经大雨冲刷整体滑坡，剥露煤矸石坡面。本试验拟在土壤中掺入粉煤灰，并研究粉煤灰不同掺比对粉土-粉煤灰空气阻隔性能的影响规律。

(3)粉黏中掺入不同比例粉煤灰对空气阻隔性能的影响。

另外，本试验在覆盖材料阻隔效果试验的基础上，分析不同覆盖材料为满足阻燃效果对应的覆盖层厚度，以期给出具有工程参考意义的试验结果。

5.3 单一覆盖材料空气阻隔性试验

研究单一覆盖材料的空气阻隔性能，材料包括粉煤灰、粉土和粉黏三种。在室内模拟现场施工条件，通过测定不同材料试样的渗透率，来比较不同材料对空气的阻隔效果。渗透率大，即空气渗透性好，表明覆盖层的空气阻隔性差；反之，空气渗透性差，表明覆盖层具有较好的空气阻隔性。

5.3.1 试样描述

选择的试验材料是阳泉三矿煤矸石山治理现场拟采用的覆盖材料，包括粉煤灰、粉土、粉黏三种。试验之前，将三种材料风干，并按击实试验所测得的最优含水量，在风干土样基础上掺水制备，并均匀搅拌，置于密封塑料桶 24 h 之后，分别装土样于 30 cm 试样管(设备结构示意图见 p53 图 4.1)，并采取分层填土、分层击实的办法，模拟现场施工条件，保证试管中的土样具有一定的密实度。试样详细制备见表 5.4。

表 5.4 单一材料空气阻隔性试验的试样描述

Table 5.4 Test sample description of air barrier property test of homogenous material

项目	试样制备参数			备注
	粉煤灰(H)	粉土(F)	粉黏(N)	
过筛/mm	—	5	5	粉煤灰不过筛，粉土、粉黏先捣碎再过筛
掺水量/%	35	15	15	设计掺水量，接近击实最优含水率
试样厚 L/mm	300	300	300	
直径 ϕ/mm	160	160	160	为试样管内径
横截面积 A/cm^2	200.96	200.96	200.96	
试样体积 V/cm^3	6 028.8	6 028.8	6 028.8	
击锤重量 W/kg	4.5	4.5	4.5	重型击实试验中的击锤
落距 d/m	0.457	0.457	0.457	重型击实试验中的击锤
铺土层数 n	3	3	3	分层填土击实，每层击实后高度控制在 10 cm
每层土的击实次数 N	15	15	15	
单位击实功 $E/(kJ\cdot m^{-3})$	150.6	150.6	150.6	$E=WdNn/V$
含水率 ω/%	32.1	13.6	14.9	实测含水率
干密度/$(g\cdot cm^{-3})$	0.97	1.50	1.56	实测干密度
最优含水率 ω_0/%	34	15.4	16.4	轻型击实试验结果
最大干密度/$(g\cdot cm^{-3})$	1.08	1.73	1.82	轻型击实试验结果
压实度/%	89.6	86.7	85.8	实测干密度与最大干密度的百分比
装样	土样拌湿，搅拌均匀，密闭静置 24 h，装入试样管，分三层用重型击实锤人工击实			

注：压实度计算方法：

$$压实度=\frac{实测干密度}{击实试验中的最大干密度}\times 100\%$$

5.3.2 结果分析

测试结果见表 5.5 及图 5.3、图 5.4。

理论上，在一定条件下，同种材料不同压差下的渗透率测定值相等。因此，对每种土样的五个测定值进行方差分析，一方面检验实验设备及方法的准确度，另一方面可得出一个平均值。分析结果见表 5.6、表 5.7。方差分析显示，材料不同，渗透率有显著差异；而试验压力的大小对测定材料渗透率没有显著影响。

表 5.5 单一覆盖材料的空气阻隔性(渗透率 *K*)

Table 5.5 The air barrier property of homogenous cover material m^2

试样	实验压力/MPa					
	0.01	0.02	0.03	0.04	0.05	0.01～0.05 平均
粉煤灰(H)	7.09×10^{-14}	7.55×10^{-14}	7.09×10^{-14}	6.97×10^{-14}	7.11×10^{-14}	7.16×10^{-14}
粉土(F)	3.23×10^{-14}	3.72×10^{-14}	3.90×10^{-14}	4.06×10^{-14}	4.18×10^{-14}	3.82×10^{-14}
粉黏(N)	1.15×10^{-15}	1.30×10^{-15}	1.22×10^{-15}	4.74×10^{-16}	6.64×10^{-16}	9.61×10^{-16}

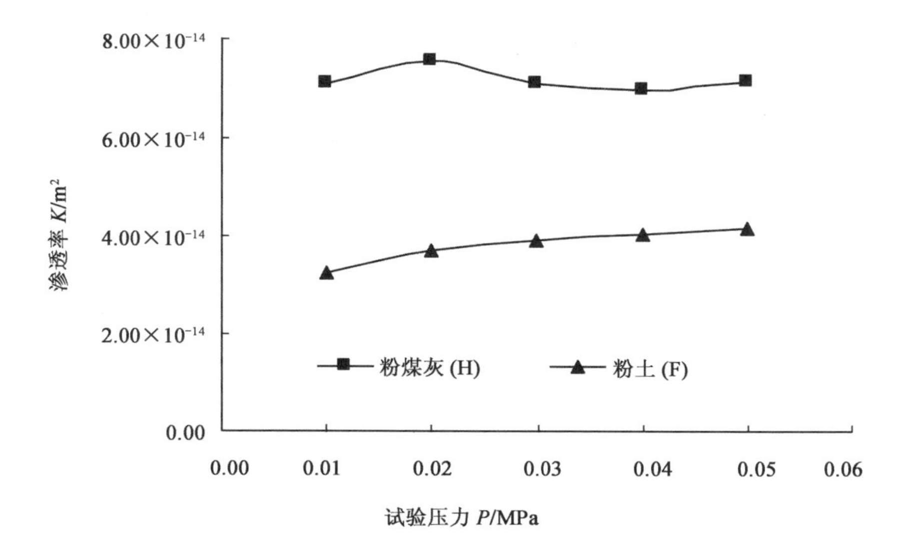

图 5.3 粉煤灰、粉土不同压力下的空气阻隔性能

Fig. 5.3 The air barrier property of different pressure of fly-ash and silt

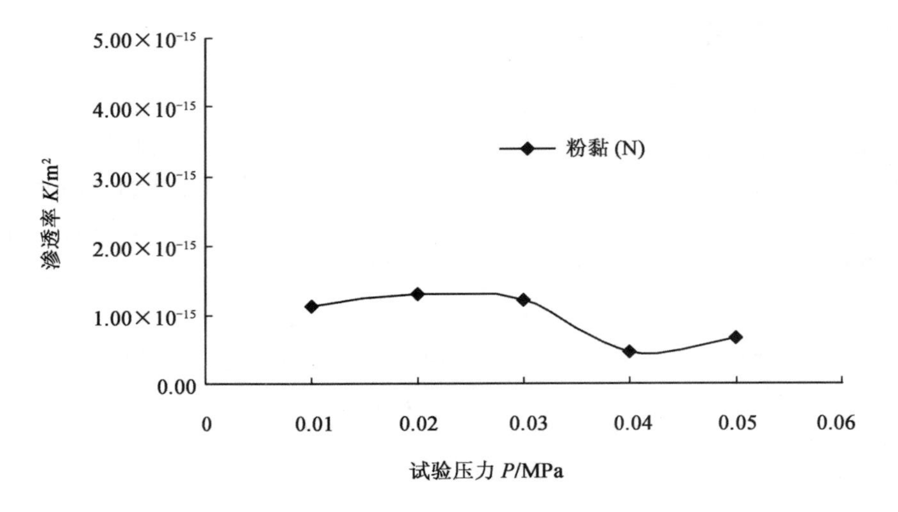

图 5.4　粉质黏土不同压力下的空气阻隔性能

Fig. 5.4　The air barrier property of different pressure of silty clay

表 5.6　方差分析一(以材料分组)

Table 5.6　Variance analysis 1(group by material)

方差来源	平方和	自由度	均方	F 值	P-value	$F_{0.05}$临界值
组间	1.25×10^{-26}	2	6.25×10^{-27}	992.114 6	4.72×10^{-14}	3.885 293 835
组内	7.56×10^{-29}	12	6.3×10^{-30}			
总计	1.26×10^{-26}	14				

表 5.7　方差分析二(以压差分组)

Table 5.7　Variance analysis 2(group by differential pressure)

方差来源	平方和	自由度	均方	F 值	P-value	$F_{0.05}$临界值
组间	1.99×10^{-29}	4	4.98×10^{-30}	0.003 968	0.999 962	3.478 05
组内	1.25×10^{-26}	10	1.25×10^{-27}			
总计	1.26×10^{-26}	14				

试验结果表明：

(1)击实条件相同(单位击实功 150.6 kJ・m^{-3}，含水量接近最优含水率，相差小于 2%)，测定三种土样的干密度并计算压实度，介于 85%～90%之间。该压实度的粉煤灰、粉土、粉黏，平均渗透率分别为 7.16×10^{-14} m^2、3.82×10^{-14} m^2、9.61×10^{-16} m^2，因此比较该三种材料的空气阻隔作用，为粉黏＞粉土＞粉煤灰。

(2)粉黏有较低的渗透性，相同条件下，粉黏的渗透率比粉土、粉煤灰的渗透率低一到两个数量级，证明具备优良的空气阻隔性能。

(3)未经分选的粉煤灰有较大的透气性，空气阻隔性差，但测定其渗透率，发现与粉土的渗透率在同一数量级上，根据土样渗透率的影响因素，改变试验条件，如通过碾压增加密实度，同样具有一定的空气隔离作用。因此，粉煤灰具有一定的运用于自燃煤矸石山覆盖材料的可行性。

本试验中所测得的渗透率，表示的是一个纯粹由材料孔隙性决定的渗透性能[134,139,164]，土质材料渗透率的大小主要决定于土壤中大孔隙的数量及排列。因此，用渗透率表征材料的阻隔性，与试验压差、试样厚度无关，但与材料的制样条件有关，比如过筛、掺水量、压实功等，这些因素集中反映在材料的压实度上。本试验模拟煤矸石山现场的作业条件，以现场质量控制标准制备试样，压实度约 85%。因此，所测数据具有一定的工程参考价值。

5.4 混合覆盖材料空气阻隔性试验

煤矸石山治理面积大，覆盖阻燃需要大量惰性材料，传统方法一般取当地土壤覆盖然后碾压，如阳泉，治理煤矸石山用于征地取土的费用占工程总投入的 1/3，且征地费用逐年提高。同时，征地大多为矿区农村废弃地甚至耕地，取土导致的植被破坏、土地减产、水土流失等一系列环境问题不可忽视，也与保护环境治理煤矸石山的目标相违背，而国家有关保护耕地及土地资源的政策，也不允许大量取土治理煤矸石山。因此，土源问题，在很大程度上限制了煤矸石山大量覆盖土壤的治理实践。

粉煤灰是煤矿区常见的、堆存量大的工业废弃物，粒径小，以粉土粒为主要组成，其工程性质可表现出与粉土相近的一些特性(蔡红，2006)，另外有研究表明，粉煤灰覆盖可以明显地抑制煤矸石中微生物(硫杆菌)对黄铁矿氧化的催化作用并提高煤矸石淋溶液的pH(张明亮,2009),这对煤矸石山防止自燃及减少环境危害有积极作用。同时,随着电力工业的迅速发展,火电厂排放的粉煤灰越来越多,对其贮存需花费巨额资金,并且占用土地,对环境与生态都有不利影响。因此,对其有效利用,既可节约成本又可起到环境保护的作用。

基于此,本研究在满足自燃煤矸石山封闭目标的前提下,用粉煤灰代替部分土壤,一方面节约土地资源,另一方面废物利用,可以在经济和环境效益上达到统一,具有一定的现实意义。而目前关于粉煤灰在煤矸石山治理的应用方面,一些矿区自发性地进行了实践,但文献报道少,相关理论研究及系统试验几近为零。如阳泉在五矿煤矸石山覆盖厚层粉煤灰(50 cm 至 1 m 不等),在防燃及绿化方面取得一定的阶段性效果,但坡面覆盖的粉煤灰在2008年经大雨冲刷整体滑坡,再一次剥露坡面煤矸石。因此,有必要研究粉煤灰的合理利用方法,为实践提供一定的指导。

关于粉煤灰的施用量,从节约土源、废物利用、降低成本的角度来说,掺入比例越高越好;而从煤矸石山覆盖层隔离空气角度来讲,粉煤灰掺量少一些为宜。本研究通过室内模拟实验,研究在粉土、粉黏中掺入粉煤灰,不同配比的混合土对空气阻隔性的影响规律,拟给出具有参考意义的配比方案。

5.4.1 试样描述

将粉煤灰分别与粉土、粉黏以不同体积比均匀混合,研究混合材料的阻隔性,进而给出粉煤灰施用量的参考值。

将粉煤灰分别与粉土、粉黏的配比以土样的体积比为准。按照粉煤灰的掺入量不同,粉煤灰与粉土、粉黏的配比方案有2∶8、3∶7、5∶5、7∶3和8∶2五个水平。具体见表5.8、表5.9。

5.4.2 结果分析

为了检测粉煤灰不同掺量的混合土对空气阻隔性能的影响,在不同压差下对混合材料的空气渗透性进行了检测(用渗透率表征)。现分别对粉土、粉黏掺入不同量粉煤灰后空气阻隔性的测定结果,进行分析。

表 5.8 不同比例混合的粉煤灰-粉土试样描述

Table 5.8 Fly-ash and silt sample test of different ratio

项目	试样制备参数					备　注
	HF28	HF37	HF55	HF73	HF82	
粉煤灰与粉土的配比	2∶8	3∶7	5∶5	7∶3	8∶2	粉土捣碎,过 5 mm 筛
试样厚 L/mm	300	300	300	300	300	盒尺量取
直径 ϕ/mm	160	160	160	160	160	试样管内径
横截面积 A/cm^2	200.96	200.96	200.96	200.96	200.96	
试样体积 V/cm^3	6 028.8	6 028.8	6 028.8	6 028.8	6 028.8	
击锤重量 W/kg	4.5	4.5	4.5	4.5	4.5	重型击实锤
落距 d/m	0.457	0.457	0.457	0.457	0.457	重型击实锤
铺土层数 n	3	3	3	3	3	每层击实后高度控制在 10 cm
每层土的击实次数 N	15	15	15	15	15	
击实总做功/J	908	908	908	908	908	
单位击实功 E/(kJ·m^{-3})	150.6	150.6	150.6	150.6	150.6	$E=WdNn/V$
含水率 ω/%	16.7	16.9	18.1	21.3	25.8	实测含水量
干密度/(g·cm^{-3})	1.42	1.33	1.18	1.15	0.99	实测干密度
装样	拌湿的土样搅拌均匀,密闭静置 24 h,装入试样管,分三层用重型击实锤人工击实					

注:计算试样的压实度,均约为 85%。

表 5.9 不同比例混合的粉煤灰-粉黏试样描述

Table 5.9 Fly-ash and silty clay sample test of different ratio

项目	试样制备参数					备　注
	HN28	HN37	HN55	HN73	HN82	
粉煤灰与粉黏的配比	2∶8	3∶7	5∶5	7∶3	8∶2	粉黏捣碎,过 5 mm 筛
试样厚 L/mm	300	300	300	300	300	盒尺量取
直径 ϕ/mm	160	160	160	160	160	
单位击实功 E/(kJ·m^{-3})	150.6	150.6	150.6	150.6	150.6	$E=WdNn/V$
含水率 ω/%	17.1	18.9	19.4	24.8	26.2	实测含水量
干密度/(g·cm^{-3})	1.48	1.26	1.34	1.25	1.13	实测干密度

注:计算试样的压实度,均约为 85%。其他参数同表 5.8。

5.4.2.1 粉煤灰-粉土不同比例混合

粉煤灰与粉土按不同体积比(2∶8、3∶7、5∶5、7∶3、8∶2)均匀混合，制成五种不同配比的粉煤灰-粉土混合材料，在不同压差下分别测试其空气阻隔性(用渗透率表征)，结果见表5.10、表5.11和图5.5、图5.6。

表5.10 粉土中掺入不同比例粉煤灰的空气阻隔性(渗透率K)

Table 5.10 The air barrier property of silt mixed different ratio fly-ash　　m^2

试样及编号		压差/MPa					
		0.01	0.02	0.03	0.04	0.05	0.01～0.05
粉土	F	3.23×10^{-14}	3.72×10^{-14}	3.90×10^{-14}	4.06×10^{-14}	4.18×10^{-14}	3.82×10^{-14}
灰粉2∶8	HF28	3.27×10^{-14}	3.90×10^{-14}	4.03×10^{-14}	4.20×10^{-14}	4.40×10^{-14}	3.96×10^{-14}
灰粉3∶7	HF37	3.31×10^{-14}	4.03×10^{-14}	4.26×10^{-14}	4.22×10^{-14}	4.50×10^{-14}	4.06×10^{-14}
灰粉5∶5	HF55	4.08×10^{-14}	4.40×10^{-14}	4.33×10^{-14}	4.71×10^{-14}	4.93×10^{-14}	4.49×10^{-14}
灰粉7∶3	HF73	5.23×10^{-14}	5.40×10^{-14}	5.63×10^{-14}	5.10×10^{-14}	5.90×10^{-14}	5.45×10^{-14}
灰粉8∶2	HF82	5.77×10^{-14}	6.17×10^{-14}	6.20×10^{-14}	6.23×10^{-14}	6.40×10^{-14}	6.15×10^{-14}
粉煤灰	H	7.09×10^{-14}	7.55×10^{-14}	7.09×10^{-14}	6.97×10^{-14}	7.11×10^{-14}	7.16×10^{-14}

表5.11 方差分析

Table 5.11 Variance analysis

方差来源	平方和	自由度	均方	F值	P-value	$F_{0.05}$临界值
组间	4.91×10^{-27}	6	8.18×10^{-28}	68.020 59	2.14×10^{-15}	2.445 259
组内	3.37×10^{-28}	28	1.2×10^{-29}			
总和	5.25×10^{-27}	34				

表5.10表明，不同压差下，粉煤灰-粉土的空气渗透性均随粉煤灰含量的增大而增强，相应地，空气阻隔性随粉煤灰掺量的增大而减弱，与粉煤灰的粒径有关。纯粉土的空气阻隔性最好，添加20%粉煤灰后，其渗透率略有提高，平均值从3.82×10^{-14} m^2增加到3.96×10^{-14} m^2；添加30%粉煤灰时，平均值提高至4.06×10^{-14} m^2；粉煤灰的掺量增加到50%、70%、80%时，渗透率平均值分别为4.49×10^{-14} m^2、5.45×10^{-14} m^2和6.15×10^{-14} m^2。方差分析结果(见表5.11)同时显示，粉煤灰的掺入量对粉煤灰-粉土的空气阻隔性能影响极为显著。

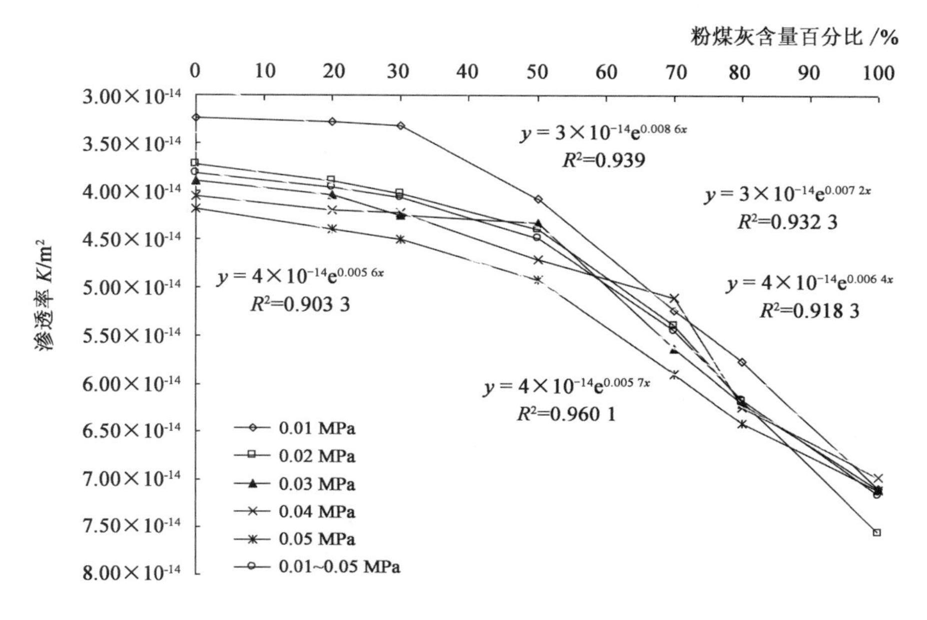

图 5.5 粉煤灰-粉土空气阻隔性能与粉煤灰掺量的关系

Fig. 5.5 The relation of air barrier property of fly-ash-silt and the mount of mixed fly-ash

关于粉煤灰不同掺量与粉煤灰-粉土空气阻隔性的关系曲线，如图 5.5 所示，粉煤灰-粉土的空气阻隔性随粉煤灰掺量的增加而逐步衰减，近似呈负指数函数关系。粉煤灰含量低时，混合土的渗透性主要取决于粉土；粉煤灰含量高时，粉煤灰的渗透性开始起主导作用，引起混合土的渗透率增大，其空气阻隔性能发生变化。

不同压差下拟合的曲线，相关指数 R^2 均大于 0.90。因此，该形式的模型可近似预测同条件下不同配比粉煤灰-粉土混合材料的空气阻隔性。关系表达式为

$$K_F = a_F \cdot e^{-b_F x} \tag{5-4}$$

式中，K_F——粉煤灰-粉土的空气渗透率，m^2；

x——粉煤灰的掺入比，即混合土总体积的百分比，%；

a_F、b_F——拟合线性系数，根据该试验结果，不同压差下得到的拟合曲线中，系数 a_F 的取值在$(3\sim4)\times10^{-14}$之间，b_F 的取值在$(5.6\sim8.6)\times10^{-3}$之间，说明拟合模型受压差影响较小，可取平均值。近似表达式为：

$$K_F = 4\times10^{-14} \cdot e^{-0.066x} \tag{5-5}$$

图 5.6 显示的是粉煤灰-粉土的空气阻隔性因不同压差、不同粉煤灰掺量而发生变化的曲面。由图可知，压差变化对混合土空气阻隔性的影响不明显，粉煤灰掺量相同的混合土，其渗透率在不同压差下处于同一水平；另外，粉煤灰掺量的变化对混合土渗透率的影响极为显著，且掺量超过 50%后变化较大。

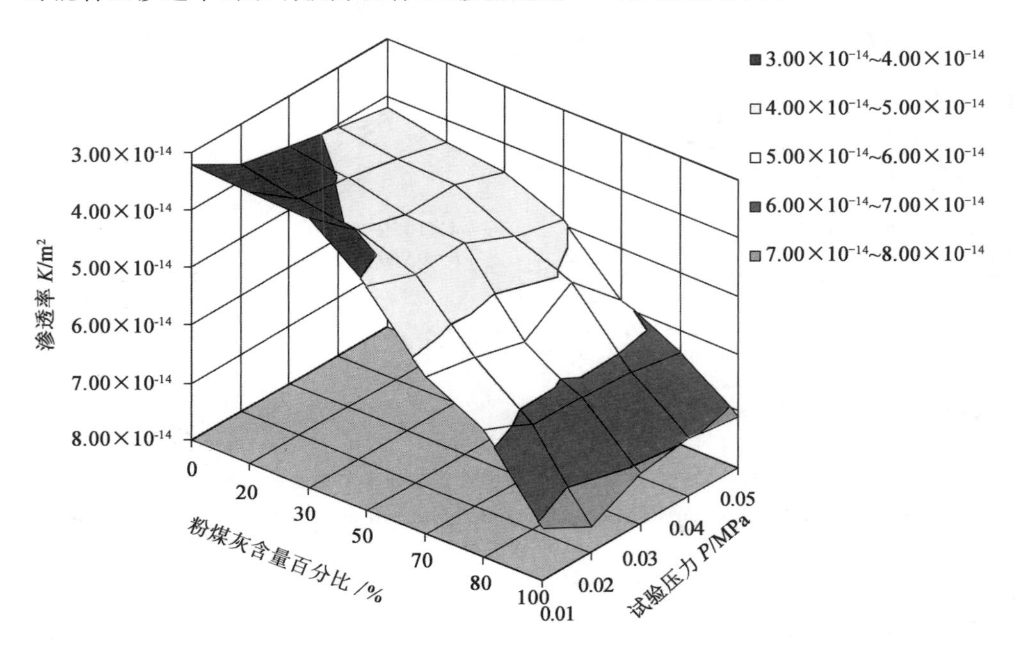

图 5.6　粉煤灰-粉土空气阻隔性变化曲面(见彩图 3)

Fig. 5.6　The curved surface of air barrier property changing of fly-ash-silt

为进一步了解粉土中掺入不同比例粉煤灰对其空气阻隔性能的影响，绘制混合土不同压差下测量的平均渗透率 K 与粉煤灰含量百分比 x 对数值 $\lg x$ 的关系曲线，如图 5.7 所示。由图中曲线可知，空气阻隔性随粉煤灰掺量增大而减弱，在 50%～70%之间有一个明显转折点，转折点之前，曲线斜率较小，转折点之后，曲线斜率增大。计算可知，掺入 30%的粉煤灰，粉煤灰-粉土的空气阻隔性衰减较缓，减弱约 6%；掺入 50%的粉煤灰，在此基础上减弱 11%；掺入 70%的粉煤灰，空气阻隔性在掺入 50%的基础上减弱了 21%。说明，粉煤灰在粉土中的掺入量为 50%～70%或更多，混合土的空气阻隔性下降速率加快。因此，从保证覆盖材料具有一定的阻隔性能而言，建议在粉土中掺入粉煤灰的比例应小于 50%。

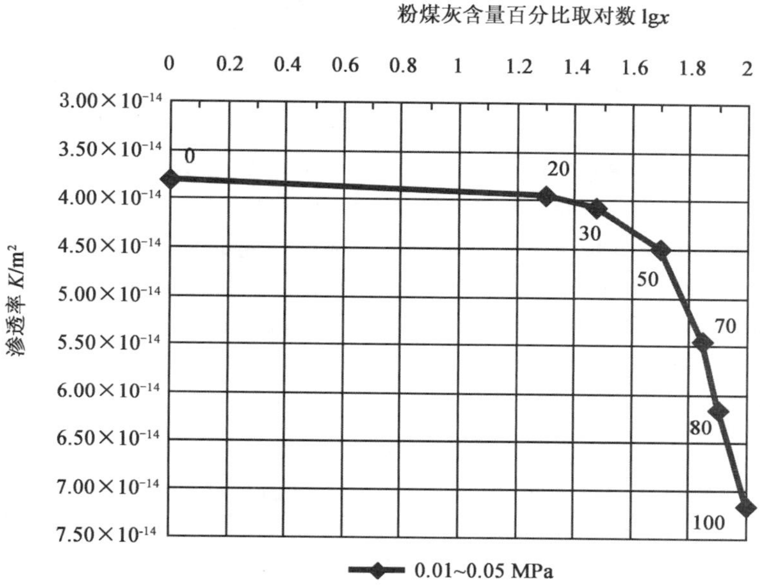

图 5.7 粉煤灰-粉土空气阻隔性随粉煤灰掺量变化的曲线

Fig. 5.7 The curve of air barrier property changing of fly-ash-silt with the mount of mixed fly-ash

5.4.2.2 粉煤灰-粉黏不同比例混合

粉黏中掺入不同比例的粉煤灰，并变换压差测试混合土的空气阻隔性，结果见表 5.12。

表 5.12 不同配比粉煤灰-粉黏的空气阻隔性(渗透率 K)

Table 5.12 The air barrier property of different ratio fly-ash-silt clay m^2

试样及编号		压差/MPa					
		0.01	0.02	0.03	0.04	0.05	0.01～0.05（平均）
粉黏	N	1.15×10^{-15}	1.3×10^{-15}	1.22×10^{-15}	4.74×10^{-16}	6.64×10^{-16}	9.61×10^{-16}
灰黏 2：8	HN28	2.08×10^{-15}	2.42×10^{-15}	1.73×10^{-15}	4.8×10^{-15}	4.66×10^{-15}	3.14×10^{-15}
灰黏 3：7	HN37	4.83×10^{-15}	7.11×10^{-15}	6.36×10^{-15}	5.73×10^{-15}	1.09×10^{-14}	6.99×10^{-15}
灰黏 5：5	HN55	1.71×10^{-14}	2.21×10^{-14}	2.42×10^{-14}	2.2×10^{-14}	2.49×10^{-14}	1.99×10^{-14}
灰黏 7：3	HN73	3.77×10^{-14}	3.36×10^{-14}	3.37×10^{-14}	3.98×10^{-14}	4.24×10^{-14}	3.74×10^{-14}
灰黏 8：2	HN82	4.83×10^{-14}	5.15×10^{-14}	5.04×10^{-14}	4.71×10^{-14}	5.47×10^{-14}	5.04×10^{-14}
粉煤灰	H	7.09×10^{-14}	7.55×10^{-14}	7.09×10^{-14}	6.97×10^{-14}	7.11×10^{-14}	7.16×10^{-14}

测试结果(表 5.12)表明,不同压差下,粉煤灰-粉黏的空气渗透性均随粉煤灰含量的增大而增强,相应地,空气阻隔性因粉煤灰的掺量增大而衰减。粉黏具有良好的空气阻隔性,添加 20% 粉煤灰后,空气阻隔性即成倍下降,平均渗透率从 9.61×10^{-16} m² 提高到 3.14×10^{-15} m²;添加 30%粉煤灰时,渗透率平均值提高至 6.99×10^{-15} m²;粉煤灰的掺量为 50%、70%、80%时,渗透率平均值提高一个数量级,分别为 1.99×10^{-14} m²、3.74×10^{-14} m² 和 5.04×10^{-14} m²。

粉煤灰不同掺量与粉煤灰-粉黏空气阻隔性的关系如图 5.8 所示,随着粉煤灰掺量的增加,粉煤灰-粉黏的渗透率而呈指数级大幅升高,不同压差下均呈近似的负指数函数关系(除 0.05 MPa 外,其他压差下实测结果的拟合曲线,R^2 的取值均大于 0.90)。关系表达式为:

$$K_N = a_N \cdot e^{-b_N x} \tag{5-6}$$

式中,K_N——混合土的空气渗透率,m²;

x——粉煤灰的掺入比,即混合土总体积的百分比,%;

a_N、b_N——拟合线性系数,根据该试验结果,不同压差下得到的拟合曲线中,系数 a_N 的取值在$(1\sim2)\times10^{-15}$之间,b_N 的取值约为 0.04,说明拟合模型受压差影响较小,可取平均值,近似表达式为:

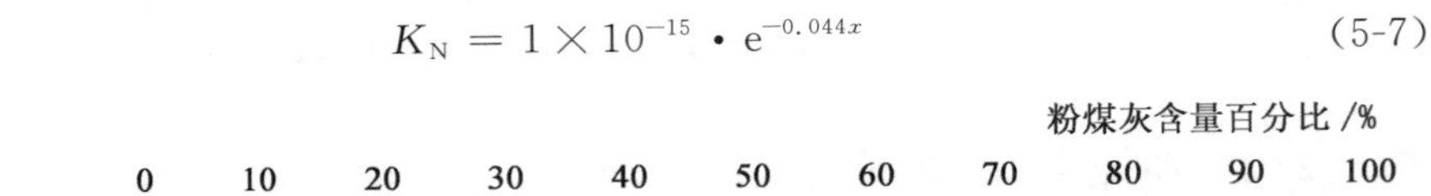

$$K_N = 1\times10^{-15} \cdot e^{-0.044x} \tag{5-7}$$

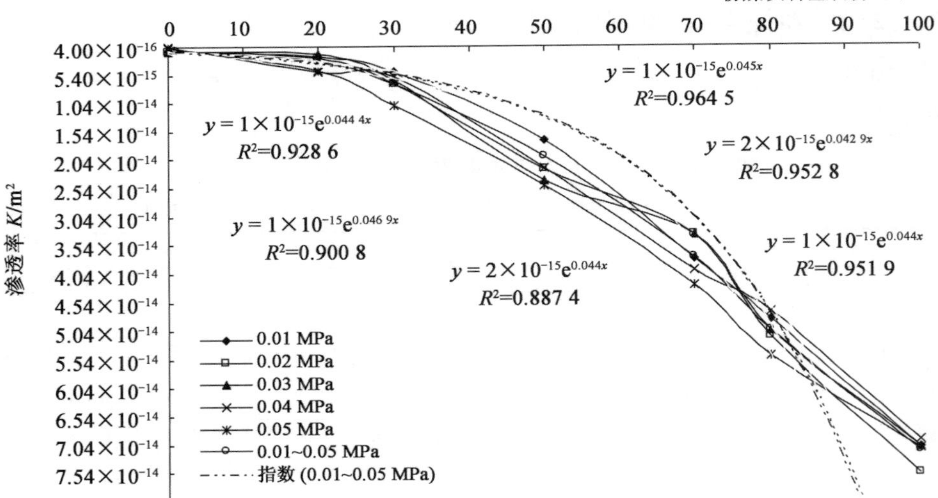

图 5.8　不同配比粉煤灰-粉黏的空气阻隔性能

Fig. 5.8　The air barrier property of different ratio fly-ash-silt clay

粉煤灰-粉黏的空气阻隔性随粉煤灰掺量及压差的变化，在曲面图5.9、图5.10中有直观显现。各表征渗透率大小的色块呈条带状平行分布，与指示压差的数轴近似平行，说明压差变化对混合土的空气阻隔性无明显影响。粉煤灰掺量的变化对混合土渗透率的影响极为显著，渗透率随粉煤灰掺量的增大而增大，且增大速率也随粉煤灰掺量增加而递增，图中，粉煤灰含量小于30％时，变化速率较小，不同压差下的空气渗透率均小于1.04×10^{-14} m^2；粉煤灰掺量超过30％后，渗透率随粉煤灰掺比增加而迅速升高。

计算粉黏中掺入不同比例粉煤灰在不同压差下的平均渗透率K，并将粉煤灰含量百分比x取对数值$\lg x$，绘制K-$\lg x$曲线如图5.11所示。由图可知，曲线在30％～50％之间即出现一个明显的转折点，曲线在转折点后的斜率明显大于转折点之前的斜率。计算得出，粉黏中掺入少量粉煤灰，渗透率即成倍升高，相应地，空气阻隔性成倍下降。添加20％的粉煤灰，空气阻隔性下降约2倍；掺入30％的粉煤灰，空气阻隔性下降幅度至6倍左右；掺入50％的粉煤灰，在30％基础上又下降了近2倍。因此，粉黏中掺入少量粉煤灰即大幅削弱该材料的优良阻隔性能，粉煤灰掺量小于30％时，下降幅度相对较小。

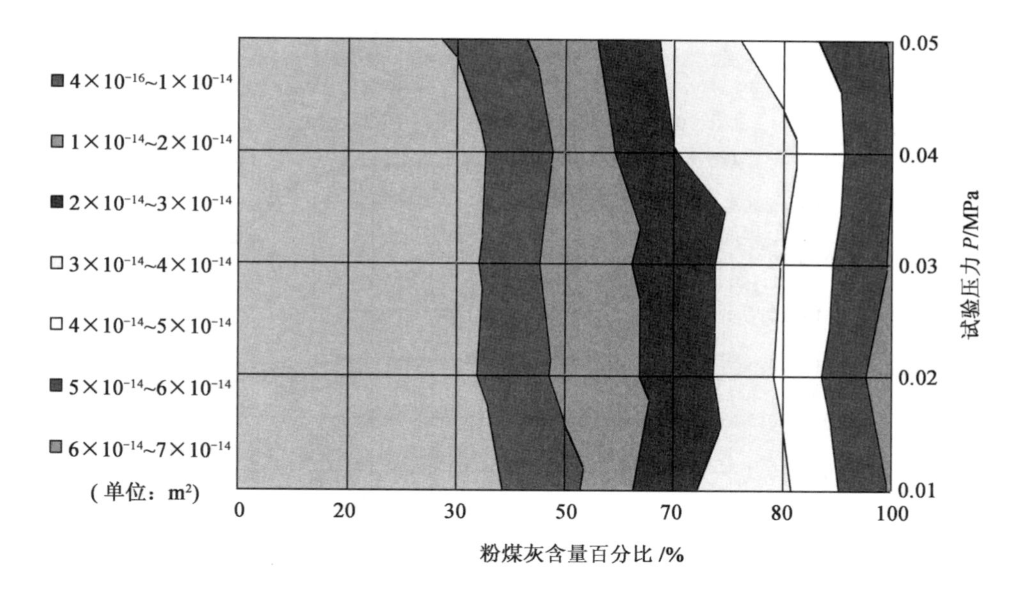

图5.9 粉煤灰-粉黏空气阻隔性的变化

Fig. 5.9 The air barrier property changing of fly-ash-silty clay

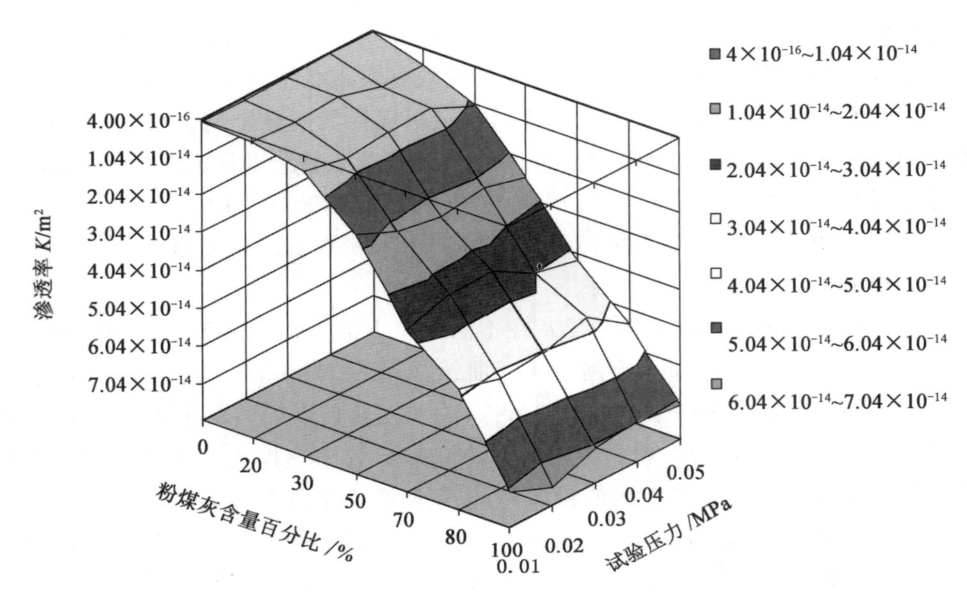

图 5.10　粉煤灰-粉黏空气阻隔性变化曲面(见彩图 4)

Fig. 5.10　The curved surface changing of air barrier property of fly-ash-silty clay

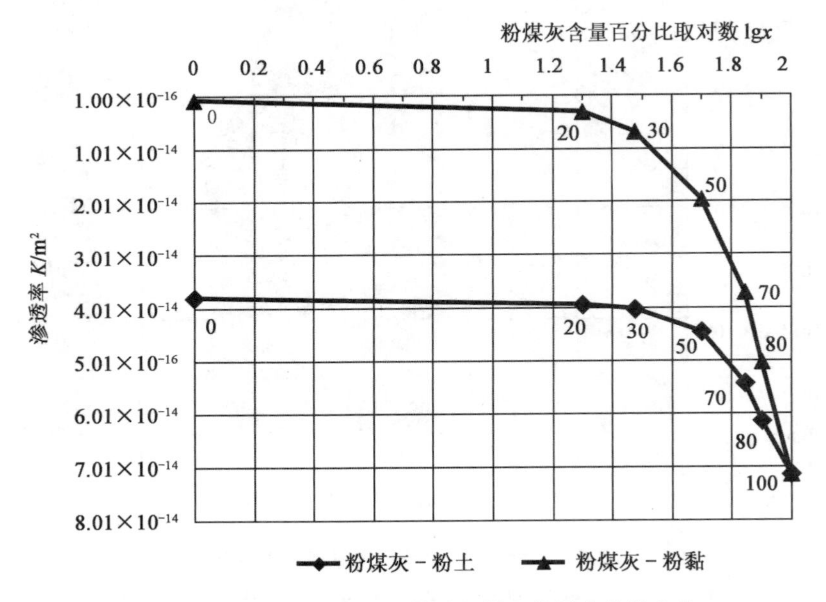

图 5.11　混合土空气阻隔性随粉煤灰掺量变化的曲线

Fig. 5.11　The curve of mixed air barrier property with the mount changing of mixed fly-ash

如图5.11所示,对比粉土与粉黏不同粉煤灰掺量对空气阻隔性的影响,两条K-lg$x$曲线的变化规律一致,但曲线高低不同,即混合土的空气阻隔性不同,明显反映出粉土与粉黏具备不同的阻隔性能,粉黏具有良好的空气阻隔性。当混合土中粉煤灰的含量一定时,比较两种混合土的渗透性能,取决于粉土或粉黏,粉黏的混合土空气阻隔性优于粉土的混合土;但粉煤灰的含量超过70%后,粉煤灰起主导作用,混合土的空气通道主要决定于粉煤灰的粒径,因此,两种混合土的空气阻隔性相差较小,约20%。同时也看出,两条曲线均有一个明显拐点,即粉煤灰含量30%和50%分别是决定粉黏、粉土空气阻隔性变化的一个重要特征。

5.5 覆盖层厚度的推演与结果分析

自燃煤矸石山治理中覆盖材料一旦选定,应设计合理的覆盖层厚度,以保证覆盖层的阻燃效果满足煤矸石山防自燃的治理要求。理论上,覆盖层的阻燃效果随覆盖层厚度的增加而加强,但覆盖层厚度的增加涉及治理成本及实施的可行性,同时,覆盖层厚度的选择与覆盖材料有关。因此,需要分析不同材料合理的覆盖层厚度。

5.5.1 覆盖层厚度的推演

根据覆压阻燃原理,自燃煤矸石山的覆盖层应具备一定的空气阻隔作用,减少空气渗入量,以阻断煤矸石山内部供氧途径,有效覆盖层的阻燃效果可借助煤矸石山自燃的临界空气渗透速率进行评价。大量试验研究表明,当煤矸石山中气流速度小于4.4×10^{-5} m·s^{-1}时,煤矸石一般无自燃现象,且这个值比实际偏小[40,57-59]。本研究沿用该临界值作为覆盖层的基本性能指标,基于覆盖材料渗透率的测试结果,要求有效覆盖层中的空气渗流速度小于4.4×10^{-5} m·s^{-1},计算自燃煤矸石山覆盖层的构建中,不同覆盖材料必需的最小厚度,并将其作为低限,取保证系数1.25,即在其基础上提高25%的保证率,以满足自燃煤矸石山治理的基本目标。

达西定律表明,覆盖层中空气渗流速度v与覆盖材料的渗透率K、覆盖层厚度L及煤矸石山的内外压差ΔP有关,一定条件下,空气渗流距离即覆盖层厚度L增加,可减小压力梯度的变化,从而有效降低渗流速度。因此,为保证覆盖层及煤矸石山中的空气渗流速度不超过自燃临界速度,应保证一定的覆盖层厚度。而另一方面,覆盖层厚度的增加,因材料的增加与工程量的增加将提高治理成本。所以,为了兼顾两个方面，需要研究理想的覆盖层厚度，使之既保证煤矸石山覆盖层的阻燃效果，又能节约治理成本，从而达到经济、环境效益相统一的目标。

理想覆层盖厚度随覆盖材料阻隔性能的不同有所不同。关于不同覆盖材料的空气阻隔性能，已在本章 5.3 节、5.4 节进行了渗透率的测定，而煤矸石山的内外压差不是一个稳定值。为保障煤矸石山覆盖层阻隔空气的有效性，要求覆盖材料及覆盖层厚度能够满足煤矸石山不同时期对其空气隔离效果的要求，也即覆盖层中空气渗流速度在煤矸石山不同时期、不同压差下都能低于临界渗透速度。根据有关研究及现场经验值，未自燃的煤矸石山内外压差不会超过 10 kPa[40,57]，同时，由达西定律可知，在相同条件下，处于层流状态的覆盖层中的空气渗透运动，其渗流速度随覆盖层厚度增加而增高，因此，选择一个高限压差来计算覆盖层厚度的界定值，计算结果可满足煤矸石山不同时期对覆盖层阻隔空气的基本要求，具有一定的实用意义。

5.5.2 结果与分析

基于本研究中覆盖材料渗透率的测试结果，选定临界渗流速度为 $4.4\times10^{-5}\ \mathrm{m\cdot s^{-1}}$，依据达西公式，计算各种材料在高限压差 10 kPa 下所需的必要厚度(压实后的厚度)：

$$L' = \frac{K}{\mu} \cdot \frac{P_{限}}{v_{临界}} \tag{5-8}$$

式中，L' ——理论计算的覆盖层厚度，cm；

K ——不同覆盖材料在一定条件下的渗透率，$\mathrm{m^2}$，本研究中覆盖材料的含水量为最优含水率，压实度约 85%；

μ ——空气的动力黏性系数，Pa·s；

$P_{限}$ ——假设的高限压差，取值 10 kPa；

$v_{临界}$ ——煤矸石山自燃的气体渗流临界速度，取值 $4.4\times10^{-5}\ \mathrm{m\cdot s^{-1}}$。

在理论推算的基础上，考虑材料渗透性能测试偏差及其他综合因素，将理论计算的覆盖层厚度 L' 作为低限，取保证系数 1.25，即在计算结果的基础上提高 25% 的保证率，得 L''，再结合工程实际，进一步推演理想覆盖层厚度 L_0，同时，计算出混合土中粉土、粉黏的实际用量 L_T。本研究中，覆盖材料包括粉煤灰、粉土、粉黏及粉土或粉黏中掺有粉煤灰的混合土，按粉煤灰的掺量不同，覆盖材料共 13 种，对应 13 个覆盖方案，不同方案的理想覆盖层厚度及实际用土量(厚度)，列于表 5.13，分析图如图 5.12、图 5.13 所示。

表 5.13　不同方案的理想覆盖厚度

Table 5.13　Ideal cover thickness of different plan

方案	覆盖材料	渗透率 K /m^2	计算必要厚度 L'/cm	保证系数 1.25 的厚度 L''/cm	理想覆盖层厚度 L_0/cm	粉土或粉黏的用量(厚度)L_T/cm
1#	H	7.16×10^{-14}	88.94	111.18	110	0
2*	N	9.61×10^{-16}	1.19	20	15	15
3**	HN28	3.14×10^{-15}	3.90	20	15	12
4***	HN37	6.99×10^{-15}	8.68	20	15	11
5*	HN55	1.99×10^{-14}	24.68	30.85	35	18
6*	HN73	3.74×10^{-14}	46.51	58.14	60	18
7#	HN82	5.04×10^{-14}	62.59	78.23	80	16
8*	F	3.82×10^{-14}	47.42	59.28	60	60
9*	HF28	3.96×10^{-14}	49.20	61.50	65	52
10*	HF37	4.06×10^{-14}	50.48	63.10	65	46
11***	HF55	4.49×10^{-14}	55.77	69.71	70	35
12#	HF73	5.45×10^{-14}	67.73	84.66	85	26
13#	HF82	6.15×10^{-14}	76.43	95.54	100	20

注:1. 此处厚度均指压实后的厚度;

2. 不同材料的含水量为最优含水率,压实功能 150 kJ·m^{-3},压实度约 85%。

3. 方案比较中,*** 为最优,** 为好;* 为一般;# 为不好。方案比较原则:粉土或粉黏用量少;总厚度小。

分析计算结果,比较不同方案,有如下结论:

(1)以粉煤灰为主原料进行覆盖:

方案 1、7、12、13,因粉煤灰空气阻隔性较差,导致理想覆盖层厚度达 80 cm 及以上,在施工中所需要的覆盖材料多,进行碾压消耗功较大,治理成本高,建议不予考虑。

(2)以粉黏为主原料进行覆盖:

方案 2、3、4,因粉黏含量超过 70%,具有较好的空气阻隔能力,薄层覆盖即可满足防自燃的要求。但薄层土(小于 10 cm)在施工中的严密覆盖是一个不容忽视的现实问题,因为在对薄层土碾压时,覆盖土与煤矸石混杂,不易严密封闭煤矸石堆体。因此,考虑实际条件,覆盖层厚度至少应在 15～20 cm。对于方案 5、6,因粉煤灰量的掺量超过 50%,导致混合土的空气阻隔性降低,为治理煤矸石山自燃所需覆盖层厚度分别增加到 35 cm 和 60 cm,计算其中粉黏用量(厚度)约 18 cm,明显方案 5 优于方案 6。

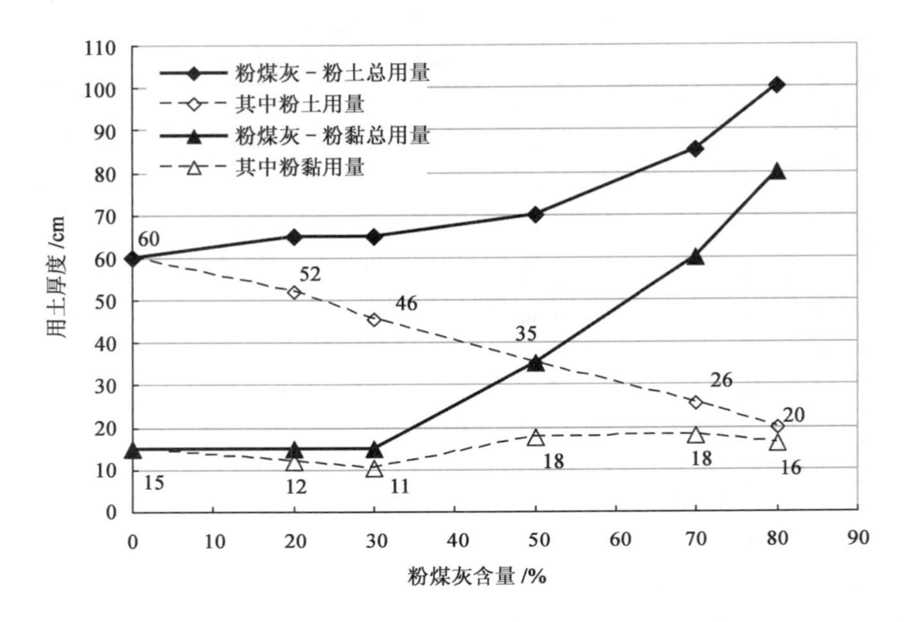

图 5.12 不同配比的混合土总覆盖层厚度及用土厚度

Fig. 5.12 The total cover thickness and the mount of soil of different matching mixed soil

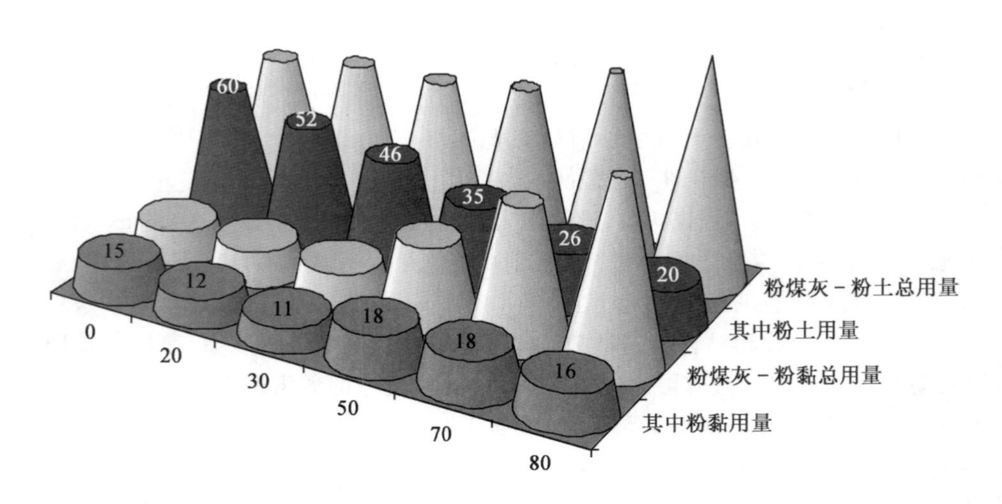

图 5.13 不同方案的用土量(厚度)比较

Fig. 5.13 Comparing to the mount of soil of different plan

综合分析并比较上述方案 2～6，从节约土源、降低治理成本的角度，优选方案 4，方案 3 与方案 4 成本相近，故可选，方案 2 一般。

(3)以粉土为主原料进行覆盖：

比较方案 8、9、10、11，理想覆盖厚度介于 60～70 cm 之间，考虑粉土的用量(厚度)，随粉煤灰掺量增加逐渐减少，从 60 cm 降到 35 cm。显然，几种方案中，方案 11 为最优。

综上所述，不同材料的理想覆盖层厚度有所不同，可根据覆盖材料的空气阻隔性能进行计算。在本次试验条件下(即含水量为最优、压实度约 85%)，比较 13 种方案，以粉煤灰为主原料(≥80%)进行覆盖，理想的覆盖层厚度偏大，80～110 cm。除此之外，以粉黏为主(≥70%)的原料，理想覆盖层厚度在 15～20 cm；而在粉黏中掺入粉煤灰量超过 50%时，所需覆盖厚度超过 35 cm，其中所需粉黏厚度在 18 cm 左右；以粉土为主(≥50%)的材料，理想的覆盖厚度 60～70 cm，对应的实际用粉土厚度，按比例为 60～35 cm。因此，对于粉黏，粉煤灰含量 30%的方案最优，对于粉土，粉煤灰含量 50%为最优。

5.6 小结

本研究针对自燃煤矸石山治理工程，通过大量室内试验及理论分析，研究不同覆盖材料的空气阻隔性，并推演不同材料覆盖方案的理想覆盖厚度，以期保障自燃煤矸石山覆盖层具备良好的隔氧阻燃功能，在此基础上，最终优选出顾及材料与厚度的适宜方案，为自燃煤矸石山的治理提供一定的理论依据及试验思路。

(1)试验研究了粉煤灰、粉土、粉黏三种单一覆盖材料空气阻隔作用，发现在相同条件下，其阻隔性能为粉黏＞粉土＞粉煤灰。粉黏有良好的空气阻隔性能，同条件下粉黏的渗透率比粉土和粉煤灰的渗透率低一到两个数量级；粉煤灰的空气阻隔性差，渗透率与粉土的渗透率在同一数量级，具有一定的运用于自燃煤矸石山覆盖材料的可行性。

(2)研究了不同配比覆盖材料的空气阻隔作用，筛选出 2 种经济合理的覆盖材料配比方案。研究表明：粉煤灰的不同掺量对粉土、粉黏的空气阻隔性能影响极为显著，其空气阻隔性随粉煤灰掺量增加而逐步衰减，呈负指数函数关系，近似表达式分别为 $K_{粉土}=4\times10^{-14}\cdot e^{-0.066x}$ 和 $K_{粉黏}=1\times10^{-15}\cdot e^{-0.044x}$ 。粉煤灰含量 50%和 30%分别是决定粉土、粉黏空气阻隔性变化的一个重要特征。对于粉煤灰-粉土，粉煤灰掺量小于 50%时，空气阻隔性以粉土为主，粉煤灰掺量大于 50%时，粉煤灰开始起主导作用，空气阻隔性能衰减较快。对于粉煤灰-粉黏，粉煤灰掺量小于30%时，阻隔性能受粉煤灰影响较小，掺量超过30%后，空气阻隔性大幅下降。

(3)研究了13种不同覆盖材料厚度对阻燃的影响，筛选出2种最佳方案。发现：自燃煤矸石山构建覆盖层，粉煤灰不宜单独适用；使用粉黏作覆盖材料，添加20%～30%的粉煤灰较为经济，该混合材料在最优含水率、压实功能约150 kJ·m^{-3}的施工条件下，覆盖层厚度可把握在15～20 cm，单独使用粉黏需要15～20 cm，因此节约了20%～30%的土壤；使用粉土作覆盖材料时，添加50%左右的粉煤灰较为合理，在最优含水率、压实功能约150 kJ·m^{-3}的施工条件下，理想覆盖层厚度需70 cm，单独覆盖粉土需60 cm，因此节约40%的土壤。顾及煤矸石山碾压条件，本研究中覆盖材料的压实度约为85%。

6　自燃煤矸石山压实阻燃试验研究

煤矸石山构建覆盖层，目的是减少外部空气渗入煤矸石山内部，因此，覆盖层需要具备一定的低渗透性能，以有效阻隔空气，防止煤矸石山内部发生自燃。理论上，覆盖层所用的土质材料经有效压实功能，可增加密实度减小孔隙率，从而增强覆盖层的空气阻隔性。

目前，我国在自燃煤矸石山治理覆土压实方面，实践较多，但针对性的理论及试验研究较少，治理煤矸石山的压实方法、工程设计及压实质量控制，多是借用其他工程项目的经验及参数，实用性较差。实践中凸显的问题有，煤矸石山治理中，压实工程的实施无可行的施工标准，压实质量的控制无实用可行的指标，从而导致煤矸石山治理投入大、成效差。这是因为煤矸石山有其特殊的地形条件和施工环境，如坡面长、倾斜度大、机械施工条件差等，所以，有效实施碾压难度较大，且覆土层下直接摊铺于堆积疏松的煤矸石上，其基层刚性差，这一定程度上影响碾压效果。因此，需要研究煤矸石山构建覆盖层相关的碾压方法及参数，如碾压遍数、铺土厚度及质量控制标准等，为煤矸石山治理提供科学的试验数据及参数设计思路。

本研究首先进行室内试验测定碾压材料的界限含水率、一维压缩特性及压实特性，研究自燃煤矸石山覆盖用碾压材料的压缩、压实特性，并通过测试不同压实功能作用下试样的空气阻隔性，分析压实强度对阻燃效果的影响规律。在此基础上，结合阳泉煤矸石山自制碾压工具及现场碾压条件，进行了野外碾压实验，研究实地碾压的压实效果，并给出有一定参考价值的碾压工程参数，如合理的碾压遍数、铺土厚度等。

6.1　碾压材料的压缩及压实特性

本研究所涉及的碾压材料，均为细粒土，借用土力学研究方法，了解和给出各种材料的各种力学参数。因实验材料并顾及材料现场施工条件不同，实验内容及方法与常规土力学实验稍有不同。顾及第五章试验结果，本次试验材料除粉煤灰、粉土、粉黏外，混合材料仅考虑粉煤灰掺量不超过50％的混合样，粉煤灰虽然不易单独使用，但作为掺量，也对其进行了试验分析。

6.1.1 碾压材料的界限含水率

土质材料中的含水量影响其物理性质，含水率的变化将影响土质材料的一系列力学性质。为此，本研究测定了碾压材料的液限、塑限和缩限，一方面了解各种碾压材料在不同水分含量状态下的性质，同时也为后续试验的设计参数提供依据，比如掺水量。

在室内采用圆锥仪联合测定液、塑限的方法，测定了不同土质材料样品的界限含水率(表 6.1)。测定结果显示，对于材料的塑性指数 IP(液限与塑限之差)，仅一种土样的塑性指数大于 10，其余土样(包括混合土)的塑性指数均介于 3 与 10 之间，依照规范(GBJ 7—89)中对细粒土的分类(粉土：3＜IP＜10，粉黏：10＜IP＜17)，粉煤灰及粉煤灰与粉土、粉黏的混合土(体积比 5 ∶ 5)，在工程性质上表现有一定的粉土类性质。另外，粉土、粉黏、粉煤灰的塑限分别为 16.0%、18.0%、38.5%，这个数据可为后续试验掺水量的控制提供依据。

表 6.1　不同材料的界限含水率

Table 6.1　Limit rate of water content of different material

土样编号	圆锥下沉深度/mm	含水率 ω/%	液限 ω_L/%	塑限 ω_P/%	塑性指数 I_P
F	11.2	21.6	19.2	16.0	3.2
	7.58	17.4			
	17.35	21.9			
HF55	18.2	37.4	28.3	23.0	5.3
	12.8	30.2			
	8.2	27.2			
H	7.9	41.5	44.4	38.5	5.9
	14.3	50.9			
	18.5	52.8			
HN55	7.6	22.2	29.8	23.6	6.2
	10.5	30.6			
	15.9	33.8			
N	6.9	24.7	31.9	18	13.9
	10.1	31.3			
	17.4	36.5			

6.1.2 碾压材料的压缩特性

天然土体材料是由矿物颗粒构成的骨架体及填充骨架体孔隙的水、气所组成的三相体系。一般认为，土颗粒本身受力不可压缩或压缩很小，土体变形是由于孔隙流体减少、消失，从而缩短土颗粒间距并使其重新排列，导致土体骨架发生错动的结果。因此，土体颗粒经压实后，孔隙比会明显减小，从而降低土体材料的渗透性，提高阻隔性能。

煤矸石山构建覆盖层，不同的碾压材料铺于煤矸石山后需通过压实，改善其工程特性，关键是要增大密实度减小孔隙比，以保证覆盖层隔氧阻燃的有效性。为此，需了解不同碾压材料与压实相关的力学性质。关于粉黏、粉土固结土的压缩特性，已经有相当丰富的资料及试验数据，而有关扰动土、粉煤灰及掺有粉煤灰的混合土样，有关其压缩特性的文献报道鲜见，本研究参考研究欠固结土（unconsolidated soil）压缩特性的方法，在室内进行了侧限压缩试验（亦称固结试验），测定不同碾压材料在压力作用下的压缩特性。

试验过程以粉煤灰的固结实验及结果计算为例。

粉煤灰为现场塑封取样，几乎保留了样品的原状。测得其试样初始干密度为 $\rho_d=0.47\ \mathrm{kg/m^3}$，含水率 $\omega_0=29.76\%$，初始孔隙比 $e_0=3.758$。压力等级为 7.5、12.5、20、25、32.5 kPa，施加每级压力经 6 s 后开始记录试样高度变化。图 6.1 为试验所得原状粉煤灰的 e-P 曲线。表 6.2 为记录表格及计算。

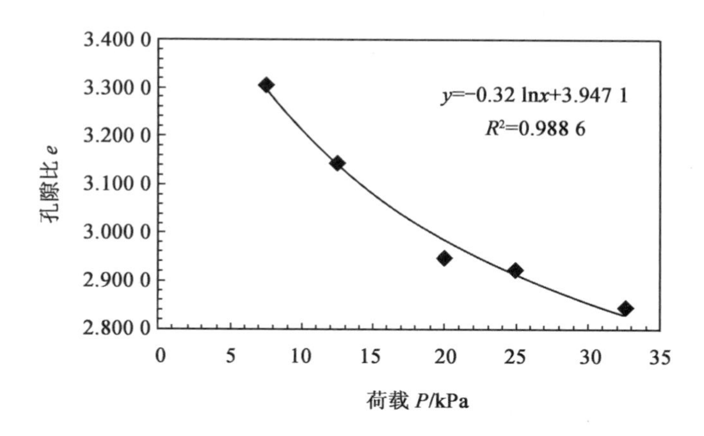

图 6.1 粉煤灰的 e-P 曲线

Fig. 6.1 The e-p curve of fly-ash

表 6.2　粉煤灰的压缩变形测量(压缩过程中百分表读数)

Table 6.2　Compression measurement of fly-ash　　0.01 mm

时间	荷载/kPa				
	7.5	12.5	20	25	32.5
6 s		254.0	337.4	346.0	379.5
15 s	188.2	254.2	337.7	346.3	380.0
1 min	189.0	254.7	337.9	347.0	380.9
2 min 15 s	189.5	254.9	338.0	347.9	381.7
4 min	190.0	255.1	338.1	348.2	382.1
6 min 15 s	190.0	255.2	338.2	348.8	382.5
9 min		255.7	338.3	349.0	383.0
12 min 15 s		255.8		349.2	383.2
16 min		256.0		349.7	
20 min 15 s				350.0	
计　算					
总变形量 $\sum \Delta h_i$	190.0	256.0	338.3	350.0	383.2
仪器变形量	忽略				
试样总变形量 $\sum \Delta h_i$/mm	1.900	2.560	3.383	3.500	3.832
孔隙比 e_i	3.305 9	3.148 9	2.953 1	2.925 2	2.846 3
压缩系数/kP_a^{-1} a_v=		0.031	0.026	0.006	0.011
压缩模量/kP_a^{-1} E_s=		153.5	183.0	793.0	432.5

土样面积 A=50 cm^2　　土样初始高度 h_0=20 mm

初始含水率 ω_0=29.76%　　初始饱和度 S_r=17.42%

初始湿密度 ρ_0=0.6 g/cm^3　　干密度 ρ_d=0.47 g/cm^3

土粒比重 d_s=2.2　　水的密度 ρ_w=1.0 g/cm^3

初始孔隙比 e_0=3.758

相关公式

$e_0=(1+\omega_0)d_s\rho_w/\rho_0-1$　　$E_s=(1+e_0)/a_v$

$e_i=e_0-(1+e_0)/h_0 * \sum \Delta h_i$　　$S_r=\omega_0 * d_s/e_0$

$a_v=(e_i-e_{i+1})/(P_{i+1}-P_i)$

由图6.1，模拟曲线为对数函数关系 $e=-0.32\ \ln P+3.9471$，拟合度 $R^2=0.9886$。参照土壤学中孔隙比与荷载压力的关系式：$e=A\ \lg P-C$，由试验结果模拟计算，得到原状粉煤灰孔隙比随荷载变化的预计估算式：

$$e=-0.74\ \lg P+3.9471 \tag{6-1}$$

式中，斜率 $A=-0.32/\lg e=-0.74$，即为试验条件下粉煤灰的压缩指数 C_c（compressibility index），用以评价粉煤灰的压缩特性，其定义为：

$$C_c=\frac{e_1-e_2}{\lg P_2-\lg P_1}=\frac{e_1-e_2}{\lg \dfrac{P_2}{P_1}} \tag{6-2}$$

在岩土工程中，压缩指数越大，土的压缩性越高。一般地，压缩指数小于0.2的为低压缩土，大于0.4的归类为高压缩土。显然，该试验中粉煤灰有很强的压缩性。

本次试验共测量了七种土质材料的侧限压缩变形，绘 e-$\lg P$ 曲线如图6.2所示。分析可以看出，与常规固结压缩曲线不同之处在于，各条曲线前段并非曲线，而是整条曲线在5～32.5 kPa的荷载压力范围内，呈一条直线，说明该试样未曾受过明显的压力作用，另外，不同材料的压缩特性也有差别：

（1）粉黏的初始压缩比明显小于其他材料，除HN37外，其他材料经32.5 kPa的荷载压缩后依然大于粉黏的初始孔隙比，粉煤灰的初始孔隙比最大，粉土介于粉黏、粉煤灰二者之间；粉土、粉黏中掺入粉煤灰之后，孔隙比发生变化，随粉煤灰掺量增加而增大。

（2）经压缩后，粉煤灰的孔隙比仍大于同等级荷载条件下其他材料的孔隙比，甚至大于粉黏的初始孔隙比。

（3）在5～32.5 kPa的荷载压力范围内，粉黏的曲线斜率最小，为0.13，HF37和HN37的斜率分别为0.24和0.27，曲线几乎平行，其余材料的斜率从0.31～0.34之间，曲线接近平行。计算不同材料的压缩指数，粉黏为0.3，压缩性一般，其余材料的压缩指数均大于0.4，介于0.5～0.8之间，属高压缩土。

结合材料的空气阻隔原理综合分析可知，孔隙比小的材料能得到好的空气阻隔性，粉黏的天然结构决定其具有较高的阻隔性，粉土次之，粉煤灰的阻隔性较差，略低于粉土。材料经受力压缩后可改变其密实度减小孔隙度，初始孔隙比较高的粉煤灰，经32.5 kPa的荷载压力后，孔隙比下降，低于粉土的初始孔隙比。

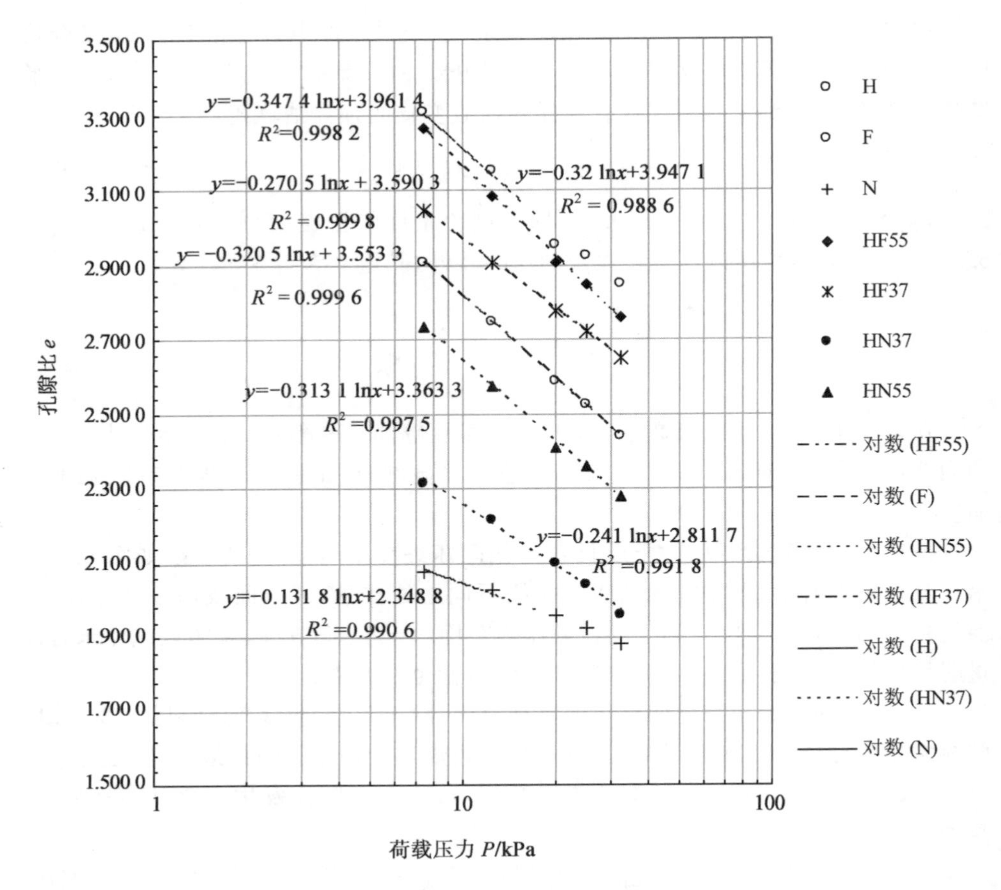

图 6.2　不同材料的 e-lg$P$ 曲线

Fig. 6.2　The e-lg$P$ curve of different material

6.1.3　碾压材料的压实特性

6.1.3.1　试验方法

通过室内试验，研究采自阳泉的粉煤灰、粉土、粉黏三种不同材料的压实特性，顾及粉煤灰与粉土、粉黏的混合使用，也需要研究在粉土、粉黏中掺入不同比例粉煤灰之后的压实特性。其中，考虑粉煤灰的主要粒径组成是粉土粒，因此，在研究粉煤灰及掺有粉煤灰的混合土的压实特性时，借助土力学研究的方法。

本试验采用的方法是室内轻型击实试验，击实筒内径 102 mm，筒高 116 mm，击实筒容积 947.4 cm^3，击锤质量 2.5 kg，锤底直径 51 mm，落距 305 mm。击实试样采用干法制备，过 5 mm 筛，自然风干测含水量，然后按不同材料的塑限估计其最优含水率，按照含水量依次相差 2%的原则，共选择 5 个含水量，其中两个大于最优含水量，两个小于最优含水量。装样分 3 层击实，每层 25 击，平均单位击实功即压实功能为 598 $kJ \cdot m^{-3}$。

密度的测定采用变体积法，即装入试样筒的土样事先给出质量，在及时过程中，通过测定击实试样的体积推求干密度。含水量则是通过烘干法测定，要求两个平行样的差值不超过 1%。

6.1.3.2 单一材料的压实特性

如表 6.3 及图 6.3 所示，三种不同材料的压实特征曲线，规律相一致，均有一个峰值点，显示该土壤材料的密实程度有一个极限值——最大干密度，相应地，该点也是一定条件下土壤材料孔隙比最小的点。最优干密度在曲线上对应一个最优含水量，其含义是，材料在该含水率，一定的压实功能作用下，可达到最大干密度。

不同材料的最大干密度与最优含水率值大小不同。粉土与粉黏的最优含水量值比较接近，分别为 15.4%和 16.4%，粉黏的最大干密度比粉土略大，该条件下它们的最大干密度分别为 1.73 $g \cdot cm^{-3}$ 和 1.82 $g \cdot cm^{-3}$。而粉煤灰的最优含水量为 34%，是粉土、粉黏最优含水率的两倍还多，最大干密度为 1.08 $g \cdot cm^{-3}$，较一般土的干密度约小 40%。这主要与试验土样材料的物理性质有关，经测定，该试验用粉煤灰的土粒密度为 2.20 $g \cdot m^{-3}$，粉土与粉黏的土粒密度分别为 2.70 $g \cdot m^{-3}$ 和 2.73 $g \cdot m^{-3}$，这在一定程度上决定了不同土样的最大干密度值。

另外，由压实曲线可知含水量对不同材料干密度的影响。粉煤灰的击实曲线较平缓，说明其击实密度对含水率较不敏感，即使含水量与最优含水率相差一半，也能得到接近于最大值的干密度；粉土和粉黏的曲线均左陡右缓，尤其是粉黏，这个趋势更明显，说明在干侧，即含水量小于最优含水量时，水分含量的变化对粉土尤其是粉黏密度的影响较大；在湿侧，即含水量大于最优含水量时，影响较小。

综上分析，压实可改善覆盖用土质材料的工程性质，提高其密实度；水分含量影响材料的压实程度，其中粉煤灰的最优含水率较高，击实曲线较平缓，说明其击实密度对含水率较不敏感。因此，在自燃煤矸石山覆土碾压时，应保证碾压材料具有一定的含水量，在此基础上进行有效碾压，以增加土壤材料的密实度，减小孔隙比，从而降低其渗透性，保证覆盖层具备一定的空气阻隔作用。

表 6.3 单一材料击实试验结果

Table 6.3 The result of compacted test of homogenous material

粉煤灰			粉黏			粉土		
含水量/%	干密度/($g \cdot cm^{-3}$)	$H\omega_{set}$(饱和度 100%)	含水量/%	干密度/($g \cdot cm^{-3}$)	$N\omega_{set}$(饱和度 100%)	含水量/%	干密度/($g \cdot cm^{-3}$)	$F\omega_{set}$(饱和度 100%)
28.4	1.03	51.632 83	10.50	1.52	29.02	10.20	1.57	26.66
31.6	1.06	48.885 08	11.20	1.56	27.34	15.40	1.73	20.77
34.2	1.08	47.138 05	13.70	1.72	21.37	19.80	1.71	21.44
36.8	1.07	48.003 4	16.40	1.82	18.18	21.40	1.66	23.20
40.3	1.04	50.699 3	18.40	1.75	20.38	24.70	1.60	25.46
43.1	1.02	52.584 67		1.86	17.00		1.75	20.11
	1.1	45.454 55		1.60	25.74		1.80	18.52
	1.15	41.501 98		1.65	23.84		1.85	17.02

注1. 不同材料试验前在室内铺平晾晒 4～5 d，自然风干；

2. 饱和度的计算：$\omega_{set}=(\rho_w/\rho_d-1/G_s)\cdot 100$。

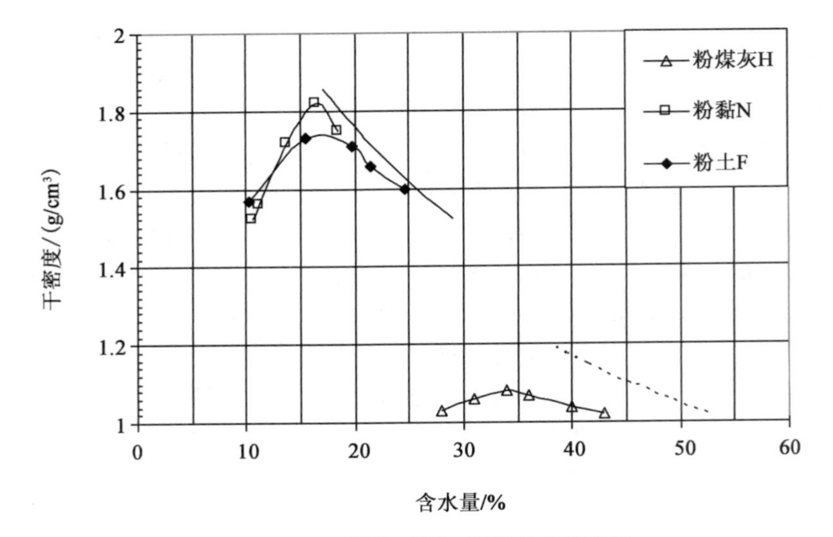

图 6.3 粉煤灰、粉土、粉黏的击实曲线

Fig. 6.3 The compacted curve of fly-ash, silt and silty clay

6.1.3.3 混合材料的压实特性

表 6.4 及图 6.4 表明，粉土、粉黏中掺入粉煤灰后，其压实特性发生变化，掺入比例不同，混合土样的击实曲线发生位移，随着粉煤灰掺量的增加，击实曲线向左

下方平移，即粉煤灰的掺量对击实曲线变化规律影响不大，但其最优含水率随粉煤灰掺量增加而有所递增，最大干密度则随粉煤灰掺量的增加而减小。粉煤灰掺量相同的混合土，曲线峰值的位置决定于混合料中粉黏或粉土的压实特性。另外，粉煤灰掺量的增加，可适当减缓粉黏、粉土曲线的陡峭性，特别是干侧的曲线斜率减小，从而降低材料在压实中对含水率的敏感度，这对在煤矸石山覆盖碾压材料含水量不易把握的施工条件，有一定裨益。

表 6.4　不同材料击实试验结果

Table 6.4　The compacted test result of different material

项　目	粉煤灰	粉土	粉黏	粉煤灰-粉土(3：7)	粉煤灰-粉土(5：5)	粉煤灰-粉黏(3：7)	粉煤灰-粉黏(5：5)
	H	F	N	HF37	HF55	HN37	HN55
最优含水率/%	34	15.4	16.4	19.4	20.5	20.5	22.7
最大干密度/(g·cm^{-3})	1.08	1.73	1.82	1.53	1.34	1.57	1.42

注：按土样体积配比。

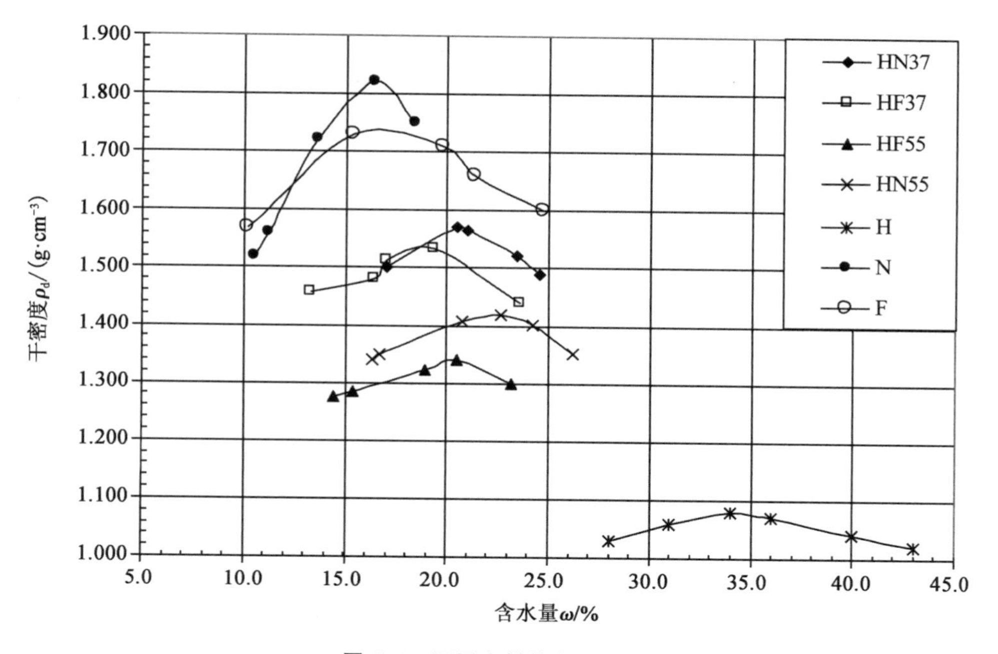

图 6.4　不同土样的击实曲线

Fig. 6.4　The compacted curve of different soil sample

6.2 压实强度对阻燃效果的影响试验

理论上讲,试样空气阻隔性能与试样孔隙比有关,同一土样因压实强度不同,密实度会发生变化,从而影响孔隙度。本试验通过测试同一种土样在不同压实功能下的空气阻隔性,研究压实强度对材料阻燃效果的影响及规律。

6.2.1 试样准备

在粉土中按体积比掺入30%的粉煤灰,即粉煤灰与粉土按3∶7混合,测试其在不同压实功能作用下的空气渗透性。以此说明压实强度对碾压材料阻燃效果的影响。

试样制备方法如表6.5所示。共制备6个不同试样,分别施以不同的单位击实功,从而制备成不同密实度的试样。

表6.5　不同压实强度粉煤灰-粉土混合土(3∶7)试样描述

Table 6.5　The test sample description of different compacted strength fly-ash-silt mixed soil (3∶7)

项目	粉煤灰与粉土按体积比3∶7混合					
	HF-1	HF-2	HF-3	HF-4	HF-5	HF-6
试样厚度 L/mm	300	300	300	300	300	300
直径 ϕ/mm	160	160	160	160	160	160
横截面积 A/cm^2	200.96	200.96	200.96	200.96	200.96	200.96
试样体积 V/cm^3	6 028.8	6 028.8	6 028.8	6 028.8	6 028.8	6 028.8
击锤重量 W/kg	4.5	4.5	4.5	4.5	4.5	4.5
落距 d/m	0.457	0.457	0.457	0.457	0.457	0.457
铺土层数 n	3	3	3	3	3	3
每层土的击实次数 N	5	10	15	20	25	30
单位击实功 E/(kJ·m^{-3})	50.2	100.4	150.6	200.8	251.0	301.2
总击实功/kJ	303	605	908	1 210	1 513	1 816
装样	拌湿的土样搅拌均匀,密闭静置24 h,装入试样管,分三层用重型击实锤人工击实					

6.2.2 结果分析

6.2.2.1 压实强度对空气渗流速度的影响

利用煤矸石山阻燃效果测试设备,首先在不同压差下对上述系列试样测定其空气渗流速度,测试结果见表 6.6 及图 6.5 至图 6.7。

其中图 6.5 显示,因压实强度而具有一定密实度的试样,其空气渗流速度在不同压差下变化明显,随压差增大而增大,呈明显的线性比例关系,拟合度在 0.93~0.99 之间。说明,该试验条件下,在测试压力范围内,空气通过不同压实功能作用的试样,其渗流运动均为层流,在达西定律适用范围。

表 6.6 不同密实度粉煤灰-粉土(体积比 3∶7)的空气渗流速度 v

Table 6.6 the air seepage velocity of different compactness fly-silt (volume ratio 3∶7) $m \cdot s^{-1}$

试样		压差/kPa				
编号	单位击实功 $E/(kJ \cdot m^{-3})$	2	4	5	10	15
HF-1	50.2	4.25×10^{-5}	9.12×10^{-5}	1.03×10^{-4}	2.31×10^{-4}	3.49×10^{-4}
HF-2	100.4	2.68×10^{-5}	3.73×10^{-5}	8.23×10^{-5}	1.20×10^{-4}	2.50×10^{-4}
HF-3	150.6	1.09×10^{-5}	3.33×10^{-5}	4.69×10^{-5}	6.71×10^{-5}	1.01×10^{-4}
HF-4	200.8	1.37×10^{-5}	2.32×10^{-5}	3.87×10^{-5}	5.07×10^{-5}	6.67×10^{-5}
HF-5	251.0	3.10×10^{-6}	7.36×10^{-6}	9.69×10^{-6}	1.64×10^{-5}	2.63×10^{-5}
HF-6	301.2	7.53×10^{-7}	1.69×10^{-6}	2.23×10^{-6}	3.38×10^{-6}	5.92×10^{-6}

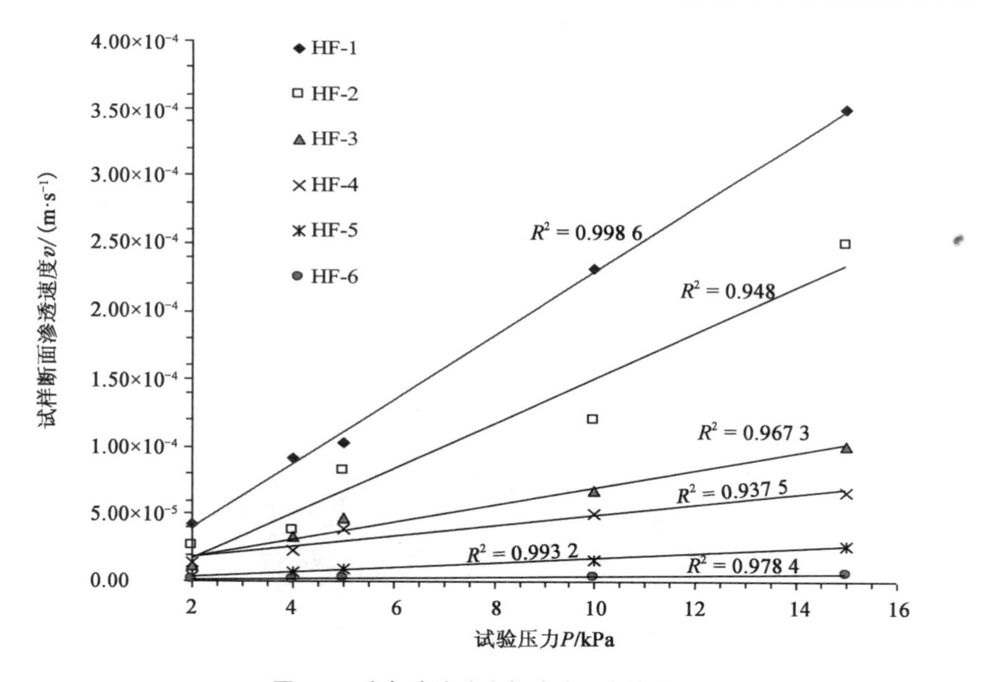

图 6.5 空气渗流速度与试验压力的关系

Fig. 6.5 The relation of air seepage velocity and test pressure

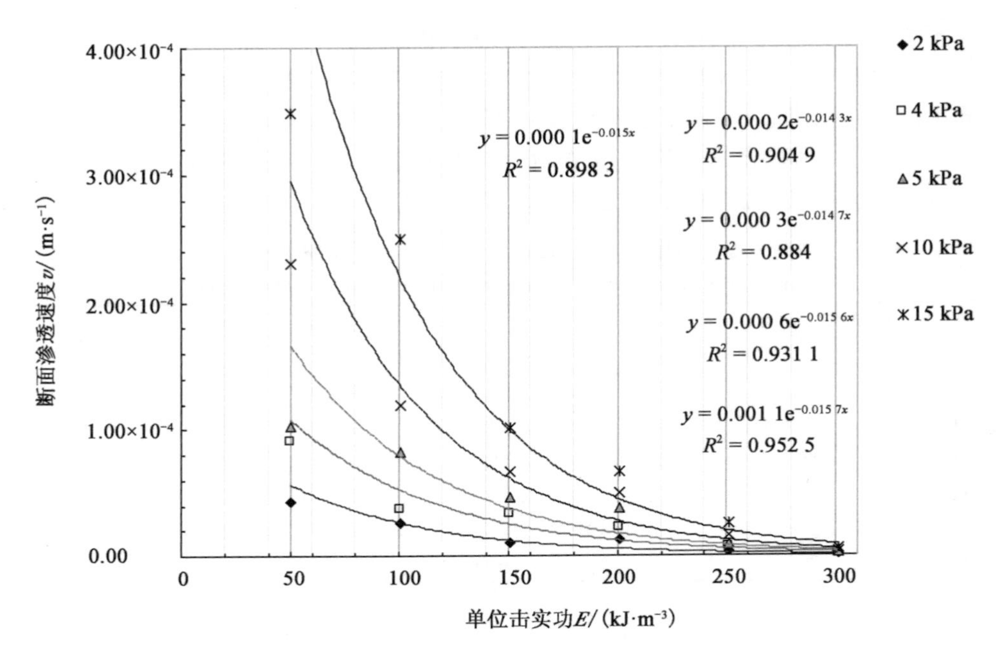

图 6.6 空气渗流速度与压实强度的关系

Fig. 6.6 The relation of air seepage velocity and compacted strength

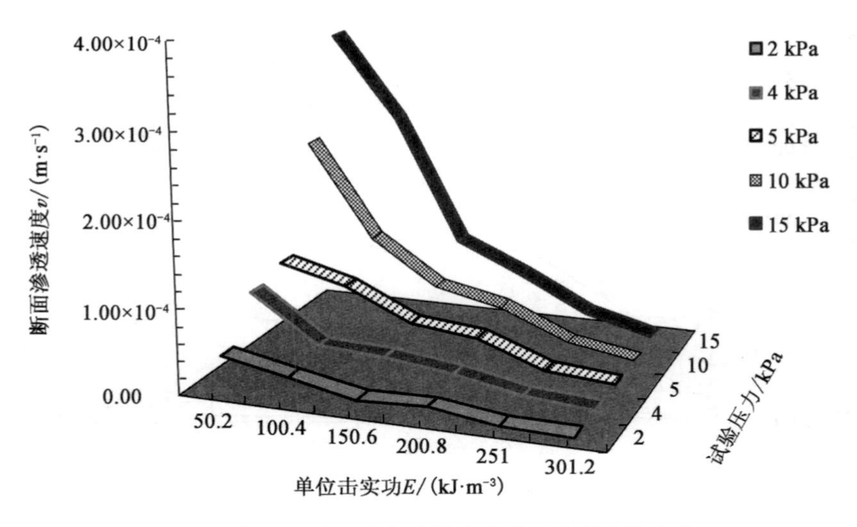

图 6.7 不同压差下空气渗流速度随压实强度的变化

Fig. 6.7 The change of air seepage velocity with compactness of different pressure

试验结果表明，压实强度影响试样阻隔空气的能力，及不同压实功能作用下的试样，其空气渗流速度发生了变化，且具有一定的变化规律：

(1)压实功能影响空气渗流速度随压差变化的线性斜率。单位击实功为50 kJ·m^{-3}时，直线斜率最大，随着压实功能逐渐增大，斜率减小，单位击实功增加到300 kJ·m^{-3}时，直线斜率为最小，降低两个数量级。说明，压实强度增加，试样密实度增加，其渗透能力对大气压差变化的敏感度减弱。这是因为试样随着压实强度的增加，孔隙率减小，从而降低试样的渗透率，提高了试样的空气阻隔性能。

(2)空气渗流速度随压实功能增加而逐渐减小，在不同试验压力下得到一组形状类似的曲线，对应于不同试验压力有一条趋势模拟曲线，均呈负指数函数关系。从试验结果来看，模拟的指数曲线，复相关系数在0.94～0.97之间，说明指数曲线趋势明显。根据模拟曲线，不同压差下空气渗流速度与压实功能的关系，用指数方程表示，列于表6.7。所以，一定条件下，对同一种碾压材料，增加压实强度可加强材料的空气阻隔性。

表6.7 不同压差下空气渗流速度与压实功能的模拟曲线

Table 6.7 The simulation curve of difference pressure air seepage velocity and compacted function

试验压力 P/kPa	渗流速度与压实强度的关系	复相关系数 R
2	$v=0.0001e^{-0.015E}$	0.947 8
4	$v=0.0002e^{-0.0143E}$	0.951 3
5	$v=0.0003e^{-0.0147E}$	0.940 2
10	$v=0.0003e^{-0.0147E}$	0.964 9
15	$v=0.0003e^{-0.0147E}$	0.976 0

(3)从图6.6的负指数曲线来看，不同压差下的曲线有一特征点，如压差为2 kPa时，特征点的压实功能约为100 kJ·m^{-3}，曲线在该点斜率发生较大变化，之前空气渗流速度随压实功能增加而大幅度减小，之后变化幅度减弱，即渗流速度随压实功能增加而减小的变化较不明显。随着压差增大，特征点向压实功能高的一端偏移，压差为10 kPa时，特征点的压实功能略小于150 kJ·m^{-3}，压差增高到15 kPa时，特征点的压实功能略大于150 kJ·m^{-3}。说明，压差增大，对同种材料而言，需要增大压实强度，以增加密实度从而提高空气阻隔性能。

综上所述，压实强度影响材料的空气渗流速度，二者之间呈负指数函数关系，表明在一定条件下，增加压实功能可提高土质材料的空气阻隔性能；不同压差下渗透速度随压实功能变化的曲线有一个特征点，压差为 2～10 kPa 时，特征点的压实功能大致在 100～150 kJ・m^{-3}之间，表明一定条件下，该压实功能最有效。所以在覆盖层构建中，对碾压材料进行压实，应选择经济而有效的压实功能，结合设计合理的覆盖厚度，保障覆盖层具备一定的空气阻隔性能，从而达到满意的阻燃效果。

6.2.2.2 压实强度对空气阻隔性的影响

由表 6.8 测量结果，根据达西公式计算不同压实强度试样的固有渗透率。常温下空气动力黏度 μ 取值 1.83×10^{-5} Pa・s^{-1}，试验中空气渗流距离为 0.3 m，则渗透率可用下式计算：

$$K=\frac{\mu_g L}{\Delta P}\cdot v_g=\frac{5.49\times10^{-6}}{\Delta P}\cdot v$$

式中，ΔP 为试验压力，即试样两端压差；v 为测量得到的空气渗流速度。

表 6.8 不同压实强度粉煤灰-粉土的渗透率(K)

Table 6.8 The permeability of fly-ash-silt of different compactness m^2

试样		压差/kPa					
编号	单位击实功 $E/(kJ\cdot m^{-3})$	2	4	5	10	15	2～15
HF-1	50.2	1.17×10^{-13}	1.25×10^{-13}	1.13×10^{-13}	1.27×10^{-13}	1.28×10^{-13}	1.22×10^{-13}
HF-2	100.4	7.36×10^{-14}	5.12×10^{-14}	9.04×10^{-14}	6.59×10^{-14}	9.15×10^{-14}	7.45×10^{-14}
HF-3	150.6	2.99×10^{-14}	4.57×10^{-14}	5.15×10^{-14}	3.68×10^{-14}	3.70×10^{-14}	4.02×10^{-14}
HF-4	200.8	3.76×10^{-14}	3.18×10^{-14}	4.25×10^{-14}	2.78×10^{-14}	2.44×10^{-14}	3.28×10^{-14}
HF-5	251.0	8.51×10^{-15}	1.01×10^{-14}	1.06×10^{-14}	9.00×10^{-15}	9.63×10^{-15}	9.58×10^{-15}
HF-6	301.2	2.07×10^{-15}	2.32×10^{-15}	2.45×10^{-15}	1.86×10^{-15}	2.17×10^{-15}	2.17×10^{-15}

图 6.8 显示，对于同种材料，渗透率 K 与压实功能 E 呈显著的负相关，模拟其关系式为：

$$K=4\times10^{-13}-7\times10^{-14}\ln E \tag{6-3}$$

说明，随着压实强度增加，材料的空气阻隔性逐渐增大(渗透率逐渐减小)，压实功能从 50 kJ・m^{-3}增加到 300 kJ・m^{-3}时，平均渗透率从 1.22×10^{-13} m^2 降到

$2.17\times10^{-15}\ m^2$，下降了两个数量级。表明，在自燃煤矸石山治理中，对于同一种碾压材料，提高压实强度对增加材料的空气阻隔性能有明显效应，增加少量的压实功能，材料的渗透性可成倍下降。

所以，在在自燃煤矸石山治理中，通过碾压提高覆盖层的空气阻隔性能，是保证其隔氧阻燃极为重要的手段。鉴于目前实际，研究煤矸石山覆盖层碾压方法、压实质量标准以及压实效果的长期有效性，有很重要的现实意义。

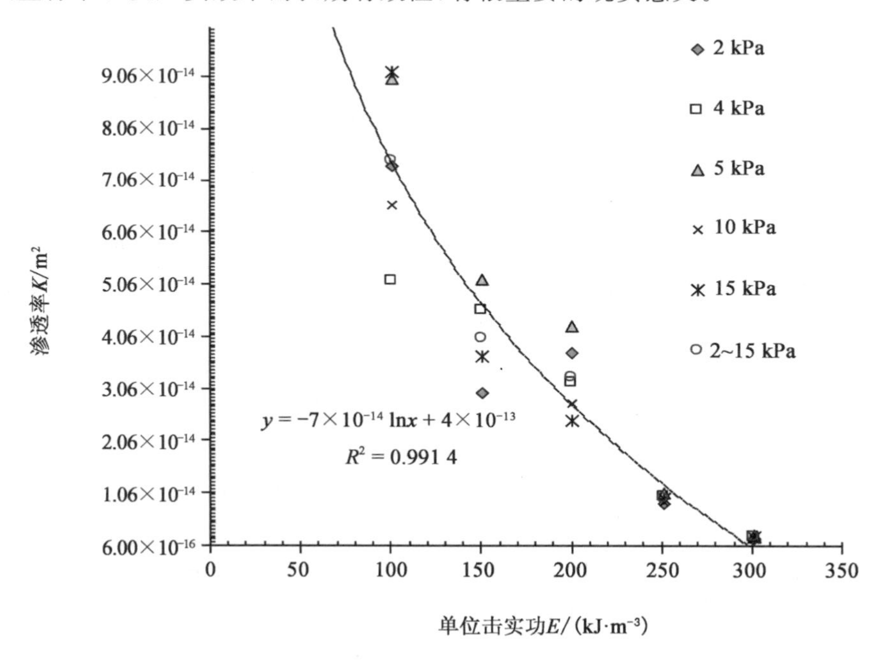

图 6.8 不同压实强度对材料渗透率的影响

Fig. 6.8 The impact of material permeability of different compactness

6.3 煤矸石山现场碾压试验

碾压材料的空气阻隔性与其压实程度有很大关系，土质材料通过压实，密实度增大，孔隙比减小，因而空气阻隔性增强。覆土压实质量受许多因素影响，其中，主要影响因素有压实功、土的含水量以及铺土厚度等，而压实度是评价土壤压实效果的主要指标。本研究基于煤矸石山坡面压实有一定难度，不可能如路基工程类达到高的压实度，故材料的阻隔性是在各种材料压实度约85%的条件下测试的，该压实度现场如何获得，需要进行野外碾压试验。

为此，本研究在煤矸石山治理现场进行了碾压试验。试验通过使用现场特有的煤矸石山压实工具碾压不同铺土厚度的覆盖用土质材料，测定紧实度和干密度表征碾压效果，以压实度85%作为质量控制标准，研究该条件下合适的碾压遍数及铺土厚度，旨在为煤矸石山构建覆盖层提供碾压参数及工程设计方法。

6.3.1 实验方法

在土石方工程中，碾压试验是一项重要技术措施，试验成果将直接用于指导工程施工。因此，试验用料应具有代表性，且试验过程中的施工工艺与实际施工工艺保持一致。

本碾压试验在煤矸石山治理现场进行，实验材料为料场代表性黄土，料场是附近307复线施工现场，经测定其界限含水率，塑性指数IP为13.7，属于粉质黏土，天然含水率在14.5%～19.3%之间，平均16.9%，干密度在1.32～1.45 g·cm^{-3}之间。根据击实试验，该土样的最大干密度为1.82 g·cm^{-3}，最优含水率16.4%。

碾压工具为施工现场的压实工具(图6.9a)。由于该项目需要在煤矸石山斜坡上进行碾压操作，而国内无专用的大坡面碾压机具，工程项目组自制一套设备如图6.9b所示。自制碾磙的主要参数为：截面直径1.58 m，宽1.1 m，单位重量3 800 kg，总重约4.5 t，由挖掘机牵引作业，依据平碾碾压法的压实原理，由碾磙的重力作用于土体达到压实目的。该碾压工具可在40°以下的坡面工作，牵引机构纵横行走自如，牵引速度调节非常方便。

a

b

图6.9 煤矸石山碾压工具

Fig. 6.9 Loess covering-compacting on the slope of coal waste pile

实验场地选在阳泉三矿煤矸石山顶一处平台。将试样用土按松铺厚度 20 cm、40 cm、60 cm、80 cm 分段连续摊铺，每块面积按 3 m×6 m 布置。人工铁锹整平后用煤矸石山治理现场自制碾压工具进行碾压(图 6.10)，往返碾压共五遍。每碾压一遍，即用环刀取三个平行样用于测定干密度，另用紧实度仪测土层剖面的紧实度。

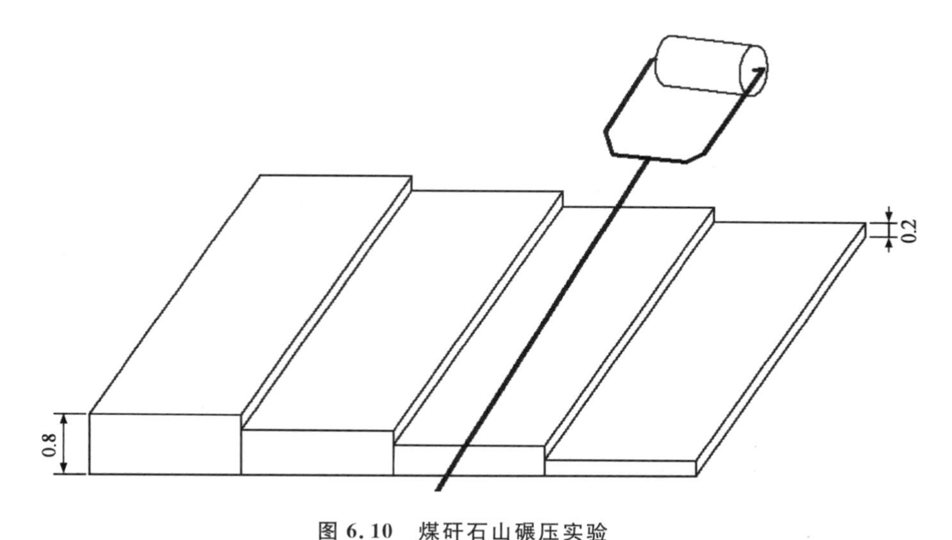

图 6.10 煤矸石山碾压实验

Fig. 6.10 The test of loess covering-compacting of cola waste pile

干密度的测定取样在土层剖面分层取样，铺土厚度 20 cm、40 cm 均在剖面上分上下两层取样；铺土厚度为 60 cm，在剖面分上、中、下三层取样；铺土厚度 80 cm，在剖面上分上、中、下、底四层取样，测定方法前已述及。

土壤紧实度又称土壤硬度，也叫穿透阻力，是指土壤对穿透、剪切作用的抵抗能力，是土壤机械组成、孔隙度、容重、含水状况等的综合表现，也是表征土壤强度的主要物理指标之一。该物理量一方面反映土壤能承受作用力而不被破坏的能力，另一方面反映土体中引发破坏的最大应力，根本原因来自颗粒之间的黏结力和颗粒受力位移时产生的摩擦力，所以用力的大小来衡量，单位 kPa。本次实验中，选用测试工具为美国产的 DICKEY-john 紧实度仪，以其末端穿透土壤时因土壤的抵抗能力而作用的阻力作为土壤紧实度，仪器的末端为锥形，可用于深层土壤的测定。紧实度测定在铺土每碾压一遍后进行，按照梅花状布点选择五个样点，每个测点从 0 开始，每隔 2.5 cm 为一个层次，即有 0～2.5 cm、2.5～5.0 cm、5.0～7.5 cm……多个层次。

6.3.2 结果与分析

本次试验通过测试不同厚度土层的紧实度和干密度，来衡量土层的压实度。针对碾压遍数和铺土厚度对紧实度及干密度的影响分别分析如下。

6.3.2.1 碾压遍数对土层紧实度和干密度的影响

分析图 6.11 不同厚度土层碾压后紧实度变化，当铺土厚度为 20 cm 时，随着碾压遍数的增加，不同深度的紧实度都有增长的趋势，至碾压 5 遍后，土层整体的紧实度较大。当铺土厚度为 40 cm 时，随着碾压遍数增加，不同土层深度的紧实度均有增加，且 1～3 遍的增长趋势较为明显，碾压 3 遍后，随遍数增加，土层的紧实度有所增加，但增加趋势不是很明显，且随着土层深度的增加，碾压遍数的增大对较深土层的紧实度影响逐渐减小。当铺土厚度为 60 cm 时，随着碾压遍数的增加，浅部土层的紧实度增加较快，碾压 5 遍后，达到了整体较大的水平，而深度较大的土层，碾压遍数对紧实度的影响不是很明显。当铺土厚度为 80 cm 时，随着碾压遍数的增大，浅部土层的紧实度增加较快，深度较大的土层紧实度同样受碾压遍数的影响较小。

可以得出，碾压遍数的增加会增大土层的紧实度，且 1～3 遍时紧实度增大的趋势较大，而 3 遍以后紧实度有所增加，但不是很明显；浅部土层受碾压遍数的增加紧实度变化较大，而深部土层紧实度变化受到碾压遍数影响较小，该深度大致在 15～25 cm(压实后的深度)的范围。

分析图 6.12 不同厚度土层碾压后干密度变化，铺土厚度为 20 cm 时，碾压第二遍数，上下土层的干密度均到达较高值；铺土厚度为 40 cm 时，随着碾压遍数增加，上土层在碾压第 3 遍时干密度达到最大，下土层在碾压第 2 遍时达到最大，上下土层在碾压 3 遍后达到较大干密度。当铺土厚度为 60 cm 时，随着碾压遍数的增加，上中部土层的干密度有增大的趋势，而下部土层的干密度在第 3 遍碾压后，干密度不再增加，这也说明，碾压遍数对下部土层的干密度影响较小。当铺土厚度为 80 cm 时，上中下土层在碾压 2 遍后达到较大值，而底部土层受碾压遍数的影响不是很明显。

因此，碾压遍数对上中部土层干密度的影响较大，对下底部土层的干密度影响较小。在碾压 3 遍后，上中部土层的干密度达到较大值。

综合分析得出，当碾压遍数为 1～3 遍时，不同厚度土层的紧实度和干密度有较大的增加趋势，随着碾压遍数的增加，紧实度和干密度增加较小，且下部土层受碾压遍数的影响较小。

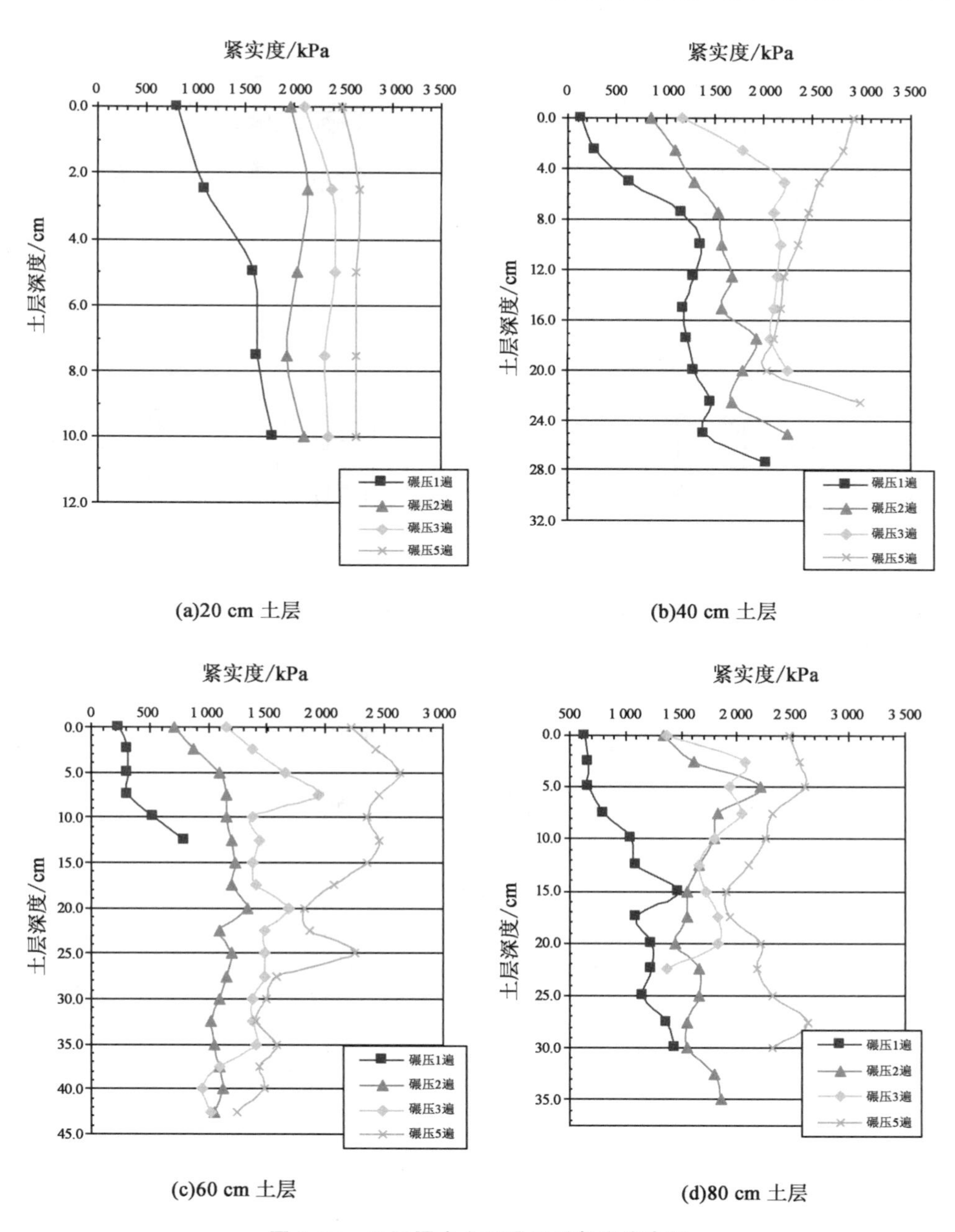

(a)20 cm 土层

(b)40 cm 土层

(c)60 cm 土层

(d)80 cm 土层

图 6.11 不同厚度土层碾压后紧实度变化

Fig. 6.11 The soil rigidity changing with the different thickness compacted soil layer

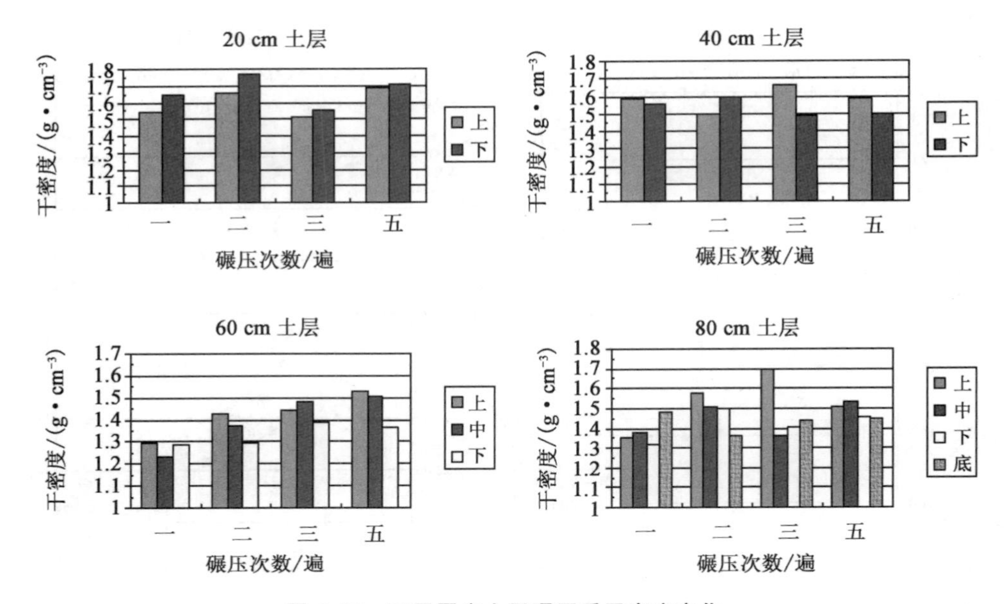

图 6.12　不同厚度土层碾压后干密度变化

Fig. 6.12　The dry density changing with the different thickness compacted soil layer

6.3.2.2　铺土厚度对土层紧实度和干密度的影响

土层在碾压后，对各个层位进行取样，并测试其紧实度和干密度，为了衡量不同铺土厚度经压实后土层整体的紧实度和干密度，现计算不同铺土厚度的土层的平均紧实度与平均干密度，计算结果见表 6.9、表 6.10。

表 6.9　不同铺土厚度的土层平均紧实度

Table 6.9　The average soil rigidity of the different thickness compacted soil layer　kPa

铺土厚度/cm	碾压次数			
	碾压 1 遍	碾压 2 遍	碾压 3 遍	碾压 5 遍
20	1 379.0	2 037.2	2 316.8	2 611.8
40	1 126.0	1 570.1	2 000.8	2 460.8
60	418.2	1 099.6	1 388.4	1 950.3
80	1 098.0	1 666.1	1 758.6	2 290.0

$$平均紧实度=\frac{各层位紧实度之和}{取样层位数} \tag{6-4}$$

$$平均干密度=\frac{各层位干密度之和}{取样层位数} \tag{6-5}$$

表 6.10 不同铺土厚度的土层平均干密度

Table 6.10 The average dry density of the different thickness compacted soil layer

铺土厚度/cm	指 标	碾压次数			
		碾压 1 遍	碾压 2 遍	碾压 3 遍	碾压 5 遍
20	干密度/(g·cm⁻³)	1.60	1.72	1.53	1.70
	压实度/%	87.6	94.3	84.2	93.2
40	干密度/(g·cm⁻³)	1.57	1.54	1.58	1.54
	压实度/%	86.3	84.9	86.6	84.8
60	干密度/(g·cm⁻³)	1.27	1.37	1.44	1.47
	压实度/%	69.9	75.1	79.1	80.6
80	干密度/(g·cm⁻³)	1.38	1.49	1.48	1.48
	压实度/%	75.9	81.7	81.1	81.6

注:最大干密度为 1.82 g·cm^{-3}。

分析图 6.13 不同铺土厚度的土层碾压后平均紧实度的变化,同等碾压遍数下,铺土厚度为 20 cm 时,平均紧实度最大,随着铺土厚度的增大,平均紧实度有所下降。总体趋势来看,铺土厚度在 20～40 cm 时,能得到较大的平均紧实度。

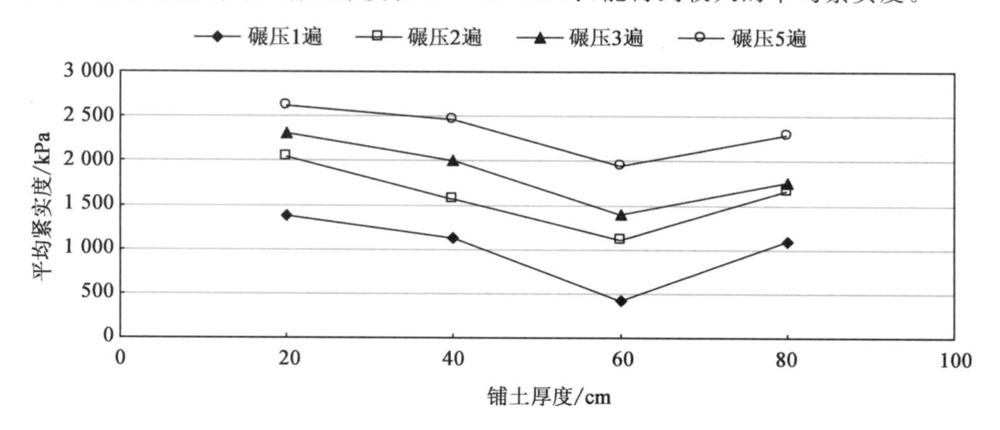

图 6.13 不同铺土厚度的土层碾压后平均紧实度变化

Fig. 6.13 The average soil rigidity changing with the different thickness compacted soil layer

分析图 6.14 不同铺土厚度的土层碾压后平均干密度的变化,在相同的碾压遍数下,20～40 cm 土层的平均干密度较大,随着铺土厚度的增加至 60 cm,80 cm,土层平均干密度有很大程度的下降。20～40 cm 土层碾压 1 遍后，平均压实度为 87.6%和 86.3%，即碾压 1 遍就基本达到 85%，随着碾压遍数的增多，压实度总体呈递增趋势，碾压 5 遍后，较薄土层的压实度甚至可达到 90%；比较而言，60～80 cm 土层的压实度较低，且随碾压遍数增多，变化并不大，在碾压 5 遍后，总体压实度在 75%～80%之间。

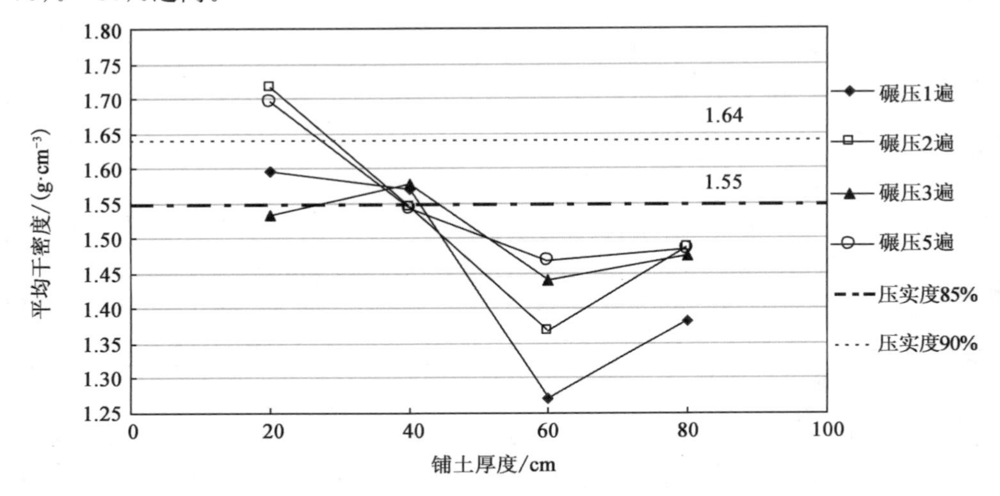

图 6.14　不同铺土厚度的土层碾压后平均干密度变化

Fig. 6.14　The average dry density changing with the different thickness compacted soil layer

综上分析，相同的碾压遍数下，随着铺土厚度的增大，平均紧实度和平均干密度呈下降趋势，土层整体的压实度也在降低，当铺土厚度在 20～40 cm，平均干密度和平均紧实度呈较高的水平。

6.3.2.3　碾压质量及碾压参数

通过本次煤矸石山现场碾压试验，以紧实度和密实度表征碾压效果，用干密度计算压实度，作为碾压质量控制标准，可以得出：

(1)浅部土层受到碾压遍数的影响较大，深部土层受到碾压遍数的影响较小，从图上看，其特征深度在 15～25 cm(指压实后的土层深度)。

(2)铺土厚度为 20～40 cm，碾压遍数在 3～5 遍时，不同土层整体的紧实度与干密度较高，压实度可达 85%～90%以上。

分析该趋势，与碾压工具及方法有关。本次实验用碾压工具，为现场自制碾磙，重约 4.5 t，利用该轻碾进行碾压，土体承受的是碾磙重量的静压作用，压实强度低，作用深度较小。考虑空气阻隔性试验结果，各种覆盖材料经碾压至压实度为85%以上，再辅以合适的覆盖厚度，可满足煤矸石山防自燃的空气阻隔要求，因此，该工具的碾压效果可以接受。另外，本研究涉及的碾压材料，对于前期未受压力作用的扰动土而言，粉黏的压缩性较低，达到某一压实度所需压实功能较大，则满足粉黏85%压实度的压实功能，对其他材料也可满足要求。因此，该试验条件下，对不同材料进行碾压，建议的施工方案及碾压参数为：

含水量接近最优含水率(相差在±2%)，松铺厚度20～40 cm，碾压3～5遍。

另外，从实验现场看，经该工具碾压后，土体表面较为平滑，对于表层排水有利，但对分层覆土紧密结合是不利的，需要进一步改进碾压工具。

6.4 小结

(1)通过土力学试验，揭示了7种煤矸石山覆盖材料配方的压缩特性。研究表明：所试验的7种煤矸石山覆盖材料均具有一定的压缩特性，除粉黏外均属高压缩土，受荷载压力作用可减小孔隙比，增加密实度以提高空气阻隔性，说明这些材料通过碾压可以阻隔空气，起到阻燃作用。研究同时表明，材料有效压实需要适宜的含水率，其中粉煤灰对含水率较不敏感，在一般土中掺入粉煤灰可减缓击实曲线的陡峭性，从而降低材料在碾压中对含水率的敏感度。

(2)探讨了碾压强度对阻燃效果的影响，试验得出了最优的碾压强度：最经济有效的压实功能大致在100～150 $kJ \cdot m^{-3}$之间。压实强度影响材料的空气渗流速度，二者之间呈负指数函数关系，不同压差下渗透速度随压实功能变化的曲线有一个特征点，压差为2～10 kPa时，最有效压实功能大致在100～150 $kJ \cdot m^{-3}$之间。

(3)通过煤矸石山现场碾压实验，提出了煤矸石山碾压阻燃的参数。研究表明，平碾碾压法作用深度浅，一定的碾压遍数可满足轻度压实的要求(质量标准为压实度85%)。利用现场自制碾磙(4 t)进行平碾碾压，碾压质量控制标准85%，建议的施工方案及碾压参数为：含水量接近最优含水率(相差不超过±2%)，松铺厚度20～40 cm，碾压3～5遍。

7 结论与展望

7.1 研究结论与成果

自燃煤矸石山的综合治理是煤矿区土地复垦和生态环境修复的难点之一。虽然许多煤矿企业和科研单位针对煤矸石山的自燃防治做了不少工作，也对覆盖法处置固体废弃物及煤矸石山堆体有一致认可，但目前为止，仍没有较深入和系统的理论及试验研究体系，而环境保护和“蓝天工程”对煤矸石山污染特别是自燃治理迫在眉睫。实践中，凸显理论研究滞后于实践、已有研究成果对实践指导不足的问题，而自发性的治理实践，往往导致自燃煤矸石山治理投入高、收效不理想。覆盖因大量用土需要征地，造成经济、环境极大的成本负担，无针对性的施工方案设计参数及质量控制标准不统一，使得煤矸石山覆盖碾压工程不能有效实施且质量管理不到位。因此，针对自燃煤矸石山覆压工程中存在的问题进行试验研究和理论分析，是解决矿区环境问题的一个重要方面。

本研究针对煤矸石山自燃的防治，在前期探索煤矸石山表面温度场建立的基础上，重点研究煤矸石山覆压阻燃技术。研究从构建有效隔氧阻燃覆盖层入手，在分析覆盖层阻燃原理及其主要物理特性如空气阻隔性能、压实特征的基础上，对覆盖材料、覆盖厚度及碾压强度等进行了较系统的模拟试验及理论分析，给出具有一定实用意义的覆盖层构型方案及碾压工程参数，并为进一步探讨自燃煤矸石山治理提供理论研究依据。

具体结论和成果如下：

(1)首次提出了基于IR＋RST的自燃煤矸石山地表温度场的测量方法。重点解决了煤矸石山温度信息采集与空间信息采集的同步进行和技术耦合，并进行了现场实验，对热红外图像的坐标转换及基于大地坐标系温度场模型的最终实现进行了探索。

(2)研制出一种设备简单、操作方便、测试快捷的测定自燃煤矸石山覆盖层试件空气阻隔性的试验方法和设备（获得了国家实用新型专利，授权号：ZL

200820123452.9)，可对覆盖层阻燃效果进行有效评价。该设备由密闭气腔、压力源、计量元件三大部分组成，是一种大尺寸土质试样透气性的测试设备，可给出试样的透气性指标如气体渗透流量、渗透速度、渗透系数及渗透率等。本研究还对研制的测试设备进行了一系列检测，结果表明，该测试系统气密性好，数据重现性及重复性较好，测量系统较稳定，测试结果可靠；对一组不同密实度粉煤灰试样的空气渗透性进行了测试，结果表明，不同试样的空气渗透速度与试验压差均呈线性比例递增，且线性模型的斜率随试样密实度增加而减小。说明，该试验条件下，试样中的空气渗流运动为层流，在达西定律适用范围，密实度大的试样渗透率小，空气阻隔性能强，对压差变化的敏感度降低，渗流速度随压差的变化率减小。

(3)研究了单一材料(粉煤灰、粉土、粉黏三种)相同条件下的空气阻隔作用，结果为：粉黏＞粉土＞粉煤灰；研究了13种不同配方覆盖材料的空气阻隔性及其厚度对阻燃效果的影响，筛选出2种最佳方案。试验结果发现：自燃煤矸石山构建覆盖层，粉煤灰不宜单独适用；使用粉黏作覆盖材料，添加20%～30%的粉煤灰较为经济，该混合材料在最优含水率、压实功能约150 kJ・m^{-3}的施工条件下，覆盖厚度可把握在15～20 cm，单独使用粉黏也需要15～20 cm，因此节约了20%～30%的土壤；使用粉土作覆盖材料时，添加50%左右的粉煤灰较为合理，在最优含水率、压实功能约150 kJ・m^{-3}的施工条件下，理想覆盖厚度需70 cm，单独覆盖粉土，需60 cm，因此节约40%的土壤。顾及煤矸石山碾压条件，本研究中覆盖材料的压实度约85%。

(4)揭示了7种煤矸石山覆盖材料配方的压缩特性及压实特征，表明这些材料通过碾压可以阻隔空气，起到阻燃作用；探讨了碾压强度对阻燃效果的影响，试验得出了覆盖材料灰3粉7最优的碾压强度指标，即最经济有效的压实功能在100～150 kJ・m^{-3}之间；通过煤矸石山现场碾压实验，提出了煤矸石山碾压阻燃的参数。研究表明，平碾碾压法作用深度浅，一定的碾压遍数可满足轻度压实的要求(压实度85%)；利用现场自制碾磙(4 t)进行平碾碾压，碾压质量控制标准为85%，建议的施工方案及碾压参数为：含水量接近最优含水率(相差不超过±2%)，松铺厚度20～40 cm，碾压3～5遍。

7.2 创新点

(1)首次提出了基于IR＋RST的自燃煤矸石山地表温度场的测量方法，并给予实例验证。

(2)研制出一种设备简单、操作方便、测试快捷的测定自燃煤矸石山覆盖层试件空气阻隔性的试验方法和设备,可以对覆盖层阻燃效果进行有效评价,获得了国家实用新型专利(授权号:ZL 200820123452.9)。该设备由密闭气腔、压力源、计量元件三大部分组成,是一种大尺寸土质试样透气性的测试设备,可给出试样的透气性指标如气体渗透流量、渗透速度、渗透系数及渗透率等。

(3)研究了13种以粉煤灰、粉土、粉黏为原料、按不同配比混合的覆盖材料的阻隔性及其厚度对阻燃的影响,并筛选出2种最佳方案:粉黏中添加20%~30%的粉煤灰较为经济,覆盖厚度为15~20 cm;粉土添加50%左右的粉煤灰较为合理,覆盖厚度为70 cm。

(4)通过覆盖材料的空气渗透性试验及野外碾压试验,提出了能够阻燃的最优碾压强度参数及碾压工程参数。最经济而有效的压实功能在100~150 $kJ \cdot m^{-3}$之间;煤矸石山碾压工程参数:碾磙(4 t),平碾碾压,松铺厚度20~40 cm,需碾压3~5遍。

7.3 需要进一步研究和解决的问题

煤矸石山自燃的环境问题是煤矿区主要环境危害之一,由于煤矸石山特殊的堆积结构及煤矸石不同的物理化学性质,导致了煤矸石山内部空气渗流、温度场及氧化自燃等物理化学变化的动态效应,因此,为达到煤矸石山防止自燃及综合治理的根本目标,尚需要进行大量理论及试验研究。本研究立足于在煤矸石山采取覆盖碾压的工程技术,为达到隔氧防燃的目标,进行了一系列研究与试验,为构建有效覆盖层提供了一些理论依据及实验思路,虽然给出了一些试验结果和可供参考的设计参数,但这仅仅是开始,自燃煤矸石山治理还有很多问题需要研究和解决,就目前可行的覆盖法治理,尚需要研究和解决以下三方面问题:

7.3.1 自燃煤矸石山覆盖层空气阻隔性的研究

研究覆盖层的空气阻隔问题,是自燃煤矸石山治理一个新的切入点,理论和实践都有待进一步研究。首先需要对煤矸石山内部空气渗流场和温度场做进一步研究,分析空气渗流在煤矸石山内部氧化反应过程中的供氧散热作用,进一步分析空气渗流对煤矸石山自燃的影响,为有效覆盖层的设计提供理论依据,以满足隔氧阻燃、防止煤矸石山自燃的目标。其次,需要对覆盖层中空气的渗流运动做进一步探讨和模拟,特别是煤矸石山内部缓慢氧化之初,升温对覆盖层中空气渗流运动的影响。另外本研究中所用测试设备系自行设计装配而成,尚有许多待改进之处,事实上,土层空气阻隔性(渗透性)作为一个新课题,包括现场及室内空气阻隔性试验的方法及设备,都需要做进一步的研究。

7.3.2 煤矸石山覆盖碾压工艺及参数的研究

自燃煤矸石山覆盖层的目标是阻隔空气,减小空气渗入量以防止内部矸石自燃,而覆盖碾压是将覆压理论付诸实践的关键。目前对煤矸石山覆土碾压工程的研究和实验较少,工程设计参数及碾压方法,多借用其他土石方工程的规范和参数,不适于煤矸石山特殊的地形及施工条件,也无法满足煤矸石山对工程的特殊要求。因此,需要有针对性地研究煤矸石山特别是大坡面的碾压方法,包括碾压机械、碾压方法和碾压工程参数等。

7.3.3 自燃煤矸石山覆盖层长效性的研究

煤矸石山治理面积大,立地条件特殊,如何构建有效覆盖层,满足隔氧阻燃、防止煤矸石山自燃的目标,除了研究构建覆盖层的相关问题,还需要研究覆盖层隔氧功能的长效型,即如何保障覆盖层长期处于密实状态有效隔氧阻燃。因此,需要研究覆盖层表层绿化植被对有效隔氧覆盖层的影响、覆盖层中水分变化规律及其对覆盖效果的影响等因素。

参考文献

1. http://www.ccoalnews.com/2008mtbk/103003/117240.html
2. http://www.sxcoal.com/coal/714546/articlenew.html
3. 胡振琪.煤矸石山复垦[M].北京:煤炭工业出版社,2006(国家出版基金资助)
4. 黄铭洪.环境污染与生态恢复[M].北京:科学出版社,2003
5. 薛留义.矸石山自燃及扬尘治理[J].能源环境保护,2005,19(1)
6. (美)詹姆斯 F.迈耶斯.粉煤灰——一种公路建筑材料[M].北京:人民交通出版社,1985
7. 黄昌勇.土壤学[M].北京:中国农业出版社,2000
8. 周健.环境与岩土工程[M].北京:中国建筑工业出版社,2001
9. 桂祥友,马云东.矿山开采的环境负效应与综合治理措施[J].工业安全与环保,2004,30(6)
10. 张克恭.土力学[M].北京:中国建筑工业出版社,2001
11. 侍倩,曾亚武.岩土力学实验[M].武汉:武汉大学出版社,2006
12. 罗曼芦.气体动力学[M].上海:上海交通大学出版社,1988
13. 郭庆国.粗粒土的工程应用及特性[M].郑州:黄河水利出版社,1999
14. 部连河.新型道路建筑材料[M].北京:化学工业出版社,2003
15. 谭罗荣.特殊岩土工程土质学[M].北京:科学出版社,2006
16. David Waltner-Toews. Ecosystem sustainability and health: a practical approach[M]. Cambridge: Cambridge University Press, 2004
17. The influence of underground mining in Shanxi Erdiexi coal mining and the method of treatment[J]. The environment protection of coal mining, 1999 13(3):33~36
18. Burger Joanna, Gochfeild Michael. On developing bioindicators for human and ecological health[J]. Environmental Monitoring and Assessment, 2001, 66 (1):23~46
19. 周星火,邓文辉.覆土密度对降低氡析出率的影响试验研究[J].铀矿冶,2004,2(23):41~43

20. 卢龙，王汝成，薛纪越，等. 黄铁矿氧化速率的实验研究[J]. 中国科学(D辑地球科学)，2005，35(5)：434～440
21. W. A. Marcus, G. A. Meyer, D. R. Nimmo. Geomorphic control of persistent mine impacts in a Yellowstone Park stream and implications for the recovery of fluvial systems[J]. Geology, 2001, 29(4)：345～358
22. R. A Shakesby, J. Richard Whitlow. Failure of a mine waste dump in Zimbabwe: Causes and consequences [J]. Environmental Geology and Water Sciences, 1991，8(2)：1511～1531
23. D. M. Wayne, J. J. Warwick, P. J. Lechler, et al. Mercury contamination in the Carson River, Nevada: A preliminary study of the impact of mining wastes[J]. Water, Air and Soil Pollution，1996，92(3)：4051～4081
24. 王霖琳，胡振琪，赵艳玲. 中国煤矿区生态修复规划的方法与实例[J]. 金属矿山，2007(5)：17～20
25. 赵昉. 我国矿产资源开发与环境治理探讨[J]. 中国矿业，2003，6(12)：8～12
26. 刘玉强，郭敏. 我国矿山尾矿固体废料及地质环境现状分析[J]. 中国矿业，2004(3)：3～8
27. 毕银丽，苏高华，郭婧婷，等. 碱性粉煤灰对煤矸石硫污染防治技术[J]. 煤炭学报，2002(6)：622～625
28. 江洪清. 煤矸石对环境的危害及其综合治理与利用[J]. 煤炭加工与综合利用，2003(3)：44～45.
29. 李琦，孙根年，韩亚芬，等. 我国煤矸石资源化再生利用途径的分析[J]. 煤炭转化，2007，1(10)：78～82
30. 杨主泉，胡振琪，等. 煤矸石山复垦的恢复生态学研究[J]. 中国水土保持，2007(6)：35～41
31. 胡振琪，赵艳玲，毕银丽. 美国矿区土地复垦[J]. 中国土地，2006(1)：41～44
32. 吴大敏. 新桥硫铁矿矿石自燃特征及综合防治措施[J]. 化工矿物与加工，2001(10)：20～26
33. 徐至钧. 高压喷射注浆法处理地基[M]. 北京：机械工业出版社，2004
34. 徐至钧. 强夯和强夯置换法加固地基[M]. 北京：机械工业出版社，2004
35. 郭小娟，贾萍，刘霞. 煤矸石山环境问题及其治理的研究[J]. 山西农业大学学报，1998，18(2)：139～141
36. 段永红. 煤矸石山覆盖种植对植物根系的影响[J]. 煤矿环境保护，1999(1)：41～43

37. 武冬梅.山西矿区矸石山复垦种植施肥策略[J].自燃资源学报,1998,10(4):333～336
38. 张国良.矸石山复垦整形设计内容和方法[J].煤矿环境保护,1997(2):33～35
39. 张成梁.山西阳泉自燃矸石山生境及植被构建技术研究[D].北京林业大学博士论文,2008,6
40. 陈永峰.阳泉矿区煤矸石自燃防治[D].西安建筑科技大学硕士论文,2005,4
41. 胡振琪.土地复垦与生态重建[M].徐州:中国矿业大学出版社,2009,2
42. 毕银丽,全文智.煤矸石堆放的环境问题及其生物综合治理对策[J].金属矿山,2005(12):61～64
43. 朱云辉.煤矸石山植被应注意的问题[J].中国煤炭,2002(5):49～50
44. 赵宇,崔鹏,等.重庆万盛煤矸石山自燃爆炸型滑坡碎屑流成因探讨[J].山地学报,2005,23(2):169～173
45. 范英宏,陆兆华,程建龙,等.中国煤矿区主要生态环境问题及生态重建技术[J].生态学报,2003,23(10):2144～2150
46. C. L. Carlson, D. C. Adriano. Environmental impacts of coal combustion residues[J]. Journal of Environmental Quality,1993,22 (2):1201～1218
47. T·弗里.英克尔能源集团治理环境污染的几项措施[J].中国煤炭,1999,25(6):49～51
48. 胡振琪,赵艳玲,毕银丽.美国矿区土地复垦[J].CHINA LAND,2001(6):43～44
49. 周锦华,胡振琪.固体废弃物煤矸石室内击实试验研究[J].金属矿山,2003(12):54～55
50. 毕银丽,胡振琪,刘杰,等.粉煤灰和煤矸石长期浸水后 pH 的动态变化[J].能源环境保护,17(3):20～25
51. 胡振琪,刘杰,蔡斌,等.菌根生物技术在大武口洗煤厂矸石山绿化中的应用初探[J].能源环境保护,2006,20(1):14～22
52. 胡振琪.半干旱地区煤矸石山绿化技术研究[J].煤炭学报,1995,20(3)
53. 胡振琪.矸石山绿化造林的基本技术模式[J].煤矿环境保护,1995,24(6)
54. 胡振琪,魏忠义,秦萍.矿山复垦土壤重构的概念与方法[J].土壤,2005,37(1)
55. 陈辉,宁曙光.煤矸石中硫的存在形态及自然条件下的转化途径[J].山东煤炭科技,2001(3)
56. 吕国强,刘德启,朱勋杰.粉煤灰场灰面扬尘化学固化治理技术研究[J].苏州大学学报(工科版),2006,26(3).

57. 黄文章.煤矸石山自燃发火机理及防治技术研究[D].重庆大学博士学位论文,2004,6
58. 贾宝山.煤矸石山自燃发火数学模型及防治技术研究[D].辽宁工程技术大学硕士论文,2001,6
59. 贾宝山,章庆丰,孙福玉.煤矸石山自燃防治措施[J].辽宁工程技术大学学报,2003,22(4):212～213
60. 李志刚,孟震.鹤煤集团公司九矿矸石山自燃原因及治理措施[J].煤矿环境保护,2001,15(1):50～51
61. 闵凡飞,王传金.煤矸石山自燃火源形成原因及其预测预防[J].煤炭科技,2003(1):41～43
62. 刘培云,王明建.浅析煤矸石山的自燃机理及燃烧控制[J].中州煤炭,2000(5):37～46
63. 蔡康旭,秦华礼,刘宝东,等.唐家庄矿 12 煤层及其直接顶自燃机理研究[J].煤炭科学技术,2000,28(11):1～3
64. 贾宝山,韩德义.红阳三矿新煤矸石山自燃的预防措施[J].煤矿安全,2004,35(6):13～15
65. 张振文,宋志,李阿红.煤矿矸石山自燃机理及影响因素分析[J].黑龙江科技学院学报,2001,11(2):11～14
66. 陈永峰,吴丽亚.矸石堆自燃的危害及防治[J].中州煤炭,2000(1):37～39
67. 中华人民共和国能源部.煤矿安全规程[S].北京:煤炭工业出版社,1992
68. 国家环境保护局.中华人民共和国固体废物污染环境防治学习资料[M].北京:中国环境科学出版社,1995
69. 煤炭工业部.煤炭工业"九五"环境保护计划(1996-2000)[J].煤炭环境保护,1997,11(1):1～3
70. S. Masuda, H. Nakao. Control of NOX by positive and negative pulsedcorona discharges[C]. Proc. IEEE/IASAnn. Meeting, USA Denver,1986:1173～1182
71. 李宗翔,刘剑,马云东.采空区自燃火灾气体钻孔导流的数值模拟研究[J].中国安全科学学报,2004,14(4):107～110
72. 徐精彩,等.煤炭低温自燃过程的研究[J].煤炭工程师,1989(5)
73. 徐精彩,等.煤炭自燃性测定方法探讨[J].煤矿安全,1991(4)
74. 章梦涛,潘一山,梁冰,等.煤岩流体力学[M].北京:科学出版社,1995
75. 黄晓三,郑云峰,等.双鸭山选煤厂矸石山灭火实践[J].煤矿环境保护,1999,

13(3):36～38

76. 刘忠全,刘剑.采用流场理论确定采空区内自燃发火火源点位置[J].矿业快报,2006(3):36～38

77. Shi-Ji Peng and Zhenqi Hu, 1992, Coal mine wastes reclamation in China, in Proceedings of the Second International Conference on Environmental Issuesand Management of Waste in Energy and Mineral Production, Singhal at al. (eds) 1291-1296, Calgary, Alberta, Canada, 1-4 September 1992. A. A Balkema Publishers. ISTP

78. Zhenq Hu, Revegetation potential of coal wastes piles in Northern China, International Journal of Surface Mining and Reclamation 7(3):105-108. 1993. A. A. Balkema Publishers, Netherlands

79. Hu Zhen-qi,ZhaoYan-ling,Gao Yong-guang. Impact of coal resource development on eco-environment and its restoration in West China, Transactions of Nonferrous Metals Society of China, Vol. 15 Special 1:168～171, 2005. SCI

80. 黄伯轩.采场通风与防火[M].北京:煤炭工业出版社,1992

81. 贝尔丁.多孔介质流体动力学[M].北京:中国建筑工业出版社,1983

82. K. Komnitsas, I. Paspaliaris, M. Zilberchmidt, S. Groudev. Environmental Impacts at coal waste disposal sites[J]. Efficiency of desulphurization technologies,2001,3(2):1209～1221

83. R. Coulton, C. Bullen, J. Dolan, C. Hallet, J. Wright, C. Marsden. Wheal Jane mine water active treatment plant-design, construction and operation[J]. Land Contam Reclam,2003(11):2011～2019

84. K. B. Hallberg, D. B. Johnson. Biodiversity of acidophilic microorganisms [J]. Adv Appl Microbiol,2001(49):236～249

85. M. Kalin, J. Cairns, R. McCready. Ecological engineering methods for acid-mine drainage treatment of coal wastes[J]. Resour Conserv Recycl,1991(5):1002～1008

86. G. B. Paige, D. Hillel. Comparison of Three Methods for Assessing Soil Hydraulic Properties[J]. Soil Science,1993,155(3):175～189

87. P. R. Dugan. Prevention of formation of acid drainage from high-sulfur coal refuse by inhibition of iron and sulfur oxidizing microorganisms. II. Inhibition in run of mine refuse under simulated field condition [J]. Biotechnology and bioengineering,1987(29):1284～1289

88. R. L. P . Kleinmann, D. A. Crerar, R. R. Pacelli. Biochemistry of acid mine drainage and a method to control acid formation[J]. Mine Engineer, 1981 (33):253～261

89. C. A. P. Backes, H. J. Duncan. Studies on the oxidation of pyrite in colliery spoil. The oxidation pathway and inhibition of the ferrous-ferric oxidation [J]. Reclamation and Revegetation Research, 1986, 4(4):1024～1031

90. 戴鸿麟.土工试验规程[M].北京:地质出版社,1992

91. 潘昊,杨明杰,程仙梅.环抱式密封岩心夹持器的设计与研制[J].石油仪器,2005(4):14～16

92. Walder J, Nur A. Permeability measurement by the pulse-decay method effect of poroelastic phenomena and nonlinear pore pressure diffusion[J]. Int J Rock Mech Min Sci Goemech Abstr, 1986, 23(3):225～232

93. J. G. Cabrera, C. J. Lynsdale. A new gas permeater for measuring the permeability of mortar and concrete[J]. Magazine of Concrete Researeh, Vol. 40, No. 144

94. Rouainia M, Wood D M. A kinematic hardening constitutive model for natural clays with loss of structure[J]. Geotechnique, 2000, 50(2):153～164

95. 王庆云.指数曲线模型用于支盘桩单桩极限承载力预测[J].山西建筑,2008, 23(4):127～128

96. A. Kallel, N. Tanaka, Matsutot, et al. Gas permeability and tortuosity for packed layers of processed municipal solid wastes and incinerator residue[J]. Waste Manage Research, 2004, 22(3):186～194

97. ZHANG Ming. Theory and apparatus for testing low-permeability of rocks in laboratory [J]. Chinese Journal of Rock Mechanics and Engineering, 2003, 22(6):919～925. (in Chinese)

98. P. Consenza, M. Ghoreychi, B. Bazargan, et al. In-situ rock salt permeability measurement for long-term safety assessment of storage[J]. International Journal of Rock Mechanics and Mining Sciences and Geomechanics Abstracts, 1999, 36(4):509～526

99. D. G. Fredlund, Huang Sh. Predicting the permeability function for unsaturated soils using the soil-water characteristic curve[J]. Can Geotech, 1994 (31):533～546

100. G. T. Houlsby. An analytical study of the cone penetration test in clay [J].

Geotechnique，1991,41(1)：17～34
101. D. S. Springer，H. A. Loaiciga，S. J. Cullen，et al. Air permeability of porous materials under cont rolled laboratory conditions[J]. Ground Water,1998(36):558～565
102. 赵谦,蔡红.火电厂干贮灰现场碾压的实验研究[J].电力建设,2004,25(8):21～25
103. 周福来,蔡昌凤.粉煤灰处理矿井水重金属污染研究[J].矿业安全与环保,2006,33 (5):20～23
104. 韩素平,武胜忠.防渗浆液改变土体渗透性的实验研究[J].太原理工大学学报,2003,34(1):96～99
105. 庄广行.粉煤灰基本知识问答[J].广州建筑,1991(3):53～55
106. 常建华.煤矿矸石山灭火技术的研究与应用[J].中国煤炭,2006,32(6):35～40
107. 武旭秀.土壤的压实与压实机械[J].山西建筑,2004,30 (14):70～72
108. 唐沛,富志根.土壤压实控制含水量现场试验研究[J].路基工程,2001(6):26～29
109. 王洪涛,殷勇.生活垃圾非饱和渗透性之测定的多步出流方法[J].环境科学,2006,27(10):2123～2128
110. 康学毅.干贮灰场粉煤灰物理力学性质及碾压试验[J].电力勘测设计,2004(9):13～17
111. 刘培云,王明建.浅析煤矸石山的自燃机理及燃烧控制[J].煤矿环境保护,1999(3):37～39
112. 张振文.煤矿矸石山喷爆的形成机制与影响因素[J].辽宁工程技术大学学报(自然科学版),2002,21(1):11 ～14
113. 姚宇平.自燃矸石山治理对策及实施[A].煤炭洁净煤技术国际研讨会论文集[C],1997,11
114. 刘迪.煤矸石的环境危害及综合利用研究[J].气象与环境学报，2006,22(3):60～62
115. 刘高文,郭一丁.红外热成像仪温度场测量的几何信息还原[J].红外技术,2004,26(1):56～59
116. 晏敏,彭楚,颜永红,等.红外测温原理及误差分析[J].红外技术,2004,26(5):110～112
117. 寇蔚,杨立.热测量中误差的影响因素分析[J].红外技术,2001,23(3)：32～34
118. 杨世铭,陶文铨.传热学.3版[M].北京:高等教育出版社,1998

119. 阳富强，吴超，吴国珉，等. 硫化矿石堆自燃预测预报技术[J]. 中国安全科学学报，2007，17(5)：90～95
120. 薛飞. 辐射图像法测量火焰断面温度场的试验研究[A]. 中国工程热物理学会燃烧学学术会议论文集[C]，1998
121. 杨世铭. 传热学[M]. 北京：高等教育出版社，1992
122. 王补宣，李天锋，吴占松，等. 图像处理技术用于发光火焰温度分布测量的研究[J]. 工程热物理学报，1989，10(4)：446～448
123. 周怀春，娄新生，邓元凯等. 基于辐射图像处理的炉膛燃烧三维温度分布检测原理及分析[J]. 中国电机工程学报，1997，17(1)：1～4
124. 朱麟章. 高温测量原理与应用[M]. 北京：科学出版社，1991
125. E. M. 斯. 帕罗，R. D. 塞斯. 辐射传热[M]. 北京：高等教育出版社，1982
126. 王立伟. 手持式红外测温仪检定中的误差及分析[J]. 铁道技术监督，2002(10)：30
127. 戴季东. 非接触红外测温器在工业测控领域的应用[J]. 电子仪器仪表用户，1996(1)：11～13
128. 赵江. 材料的透气性测试与透气度测试[J]. 冷冻与速冻食品工业，2006，12(3)：32～35
129. 孟振全. 混凝土透气性测定方法[J]. 中国煤炭经济学院学报，2001，15(12)：357～360
130. 赵翠华，王昌义，王家顺. 测定混凝土透气性的试验方法[J]. 中国环保产业，2001(7)：24～26
131. 崔伯华. 一种粗粒土室内渗透比较试验研究[J]. 大坝观测与土工测试，1996，20(2)：15～18
132. 魏海云，詹良通，陈云敏. 城市生活垃圾的气体渗透性试验研究[J]. 岩石力学与工程学报，2007，26(7)：1408～1415
133. 清华大学. 水力学[M]. 北京：人民教育出版社，1961
134. 孟凡英. 流体力学与流体机械[M]. 北京：煤炭工业出版社，2006
135. 邵明安，王全九，等. 土壤物理学[M]. 北京：高等教育出版社，2006
136. 欧阳底梅，董喜达. 百草喜对土壤渗透率的影响[J]. 江西农业大学学报，1998，20(1)
137. 张涛，杨德斌. 混凝土透气性测试方法研究概述[J]. 山西建筑，2004，30(22)：75～78
138. 陈仲颐，张在明译. 非饱和土土力学[M]. 北京：中国建筑工业出版社，1997

139. 冯文光. 渗流力学[M]. 成都:成都理工大学出版社,2004
140. 李树志,周锦华. 矿区生态破坏防治技术[M]. 北京:煤炭工业出版社,1998
141. L. M. Anderson. Land use designations affect perception of scenic beauty in forest landscapes[J]. For. Sci., 1981,27(2):392~400
142. E. L. Shafer. Natural landscape preferences:A predictive model[J]. J. Leisure Res., 1969:1~19
143. 聂永丰. 三废处理工程技术手册[M]. 北京:化学工业出版社,2002
144. A. K. reimer. Environmental preferences: A critical analysis of some research methodologies [J]. J. Leisure Res., 1977(9):88~97
145. R. H. Jackson. Assessment of the environmental impact of high voltage power transmission lines [J]. Environ. Manage, 1978(6):153~170
146. Williams. How the familiarity of a landscape affects appreciation of it[J]. J. Environ. Manage, 1985(21):105~110
147. Komnitsas K, Kontopoulos A, Lazar I. and Cambridge M. Risk assessment and proposed remedial actions in coastal tailings disposal sites in Romania. Mineral Engineering,1998(112):1179~1190
148. G. B. Abbott. Reclamation of coal mine waste in New Brunswick[J]. CIM Bulletin,1997,70(781):112~119
149. 芮素生,等. 煤炭工业的持续发展与环境[M]. 北京:煤炭工业出版社,1994
150. 王玉平,刘相国. 煤矸石自燃的危害及治理成效[J]. 矿业安全与环保, 2002, 29(3):51~53
151. 魏海云,詹良通,陈云敏. 城市生活垃圾的气体渗透性试验研究[J]. 岩石力学与工程学报,2007,26(7):1408~1415
152. 林成功,吴德伦. 土层透气性现场实验与分析[J]. 岩土力学, 2003,24(4):579~582
153. 王磊,卢德唐,郭冀义,张同义. 地下岩体的垂向渗透率测试及分析[J]. 实验力学,2007,22(1) :69~74
154. 童彩艳,温静. 土方碾压试验在临淮岗主坝淮北段工程中的应用[J]. 工程技术,2009,25:43~44
155. SDJ 213—83,碾压式土石坝施技术工规范[S]. 北京:水利电力出版社,1984
156. GB/T 50123—1999,土工试验方法标准[S]. 北京:中国计划出版社,1999
157. SL 237—1999,土工试验规程[S]. 北京:中国水利水电出版社,1999
158. 李小勇,谢康和,虞颜. 太原粉质粘土强度指标概率特征[J]. 浙江大学学报,

2001,35(5) :492～496

159. 王永焱,林在贯.中国黄土的结构特征及物理力学性质[M].北京:科学出版社,1990:173～213

160. 王丽琴,杨有海,苏在朝,等.重塑黄土的渗透性及影响因素的研究[J].兰州铁道学院学报(自然科学版),2003,22(4):95～97

161. 刘祖典.黄土力学与工程[M].西安:陕西科学技术出版社,1997:6～11

162. A. Kreimer. Environmental preferences: A critical analysis of some research methodologies [J]. J. Leisure Res. , 1977(9):88～97

163. 刘杰.土的渗流稳定与渗流控制[M].北京:水利电力出版社,1992

164. 孔祥言.高等渗流力学[M].合肥:中国科技大学出版社,1999

165. J. C. STORMONT, J. K DAEMEN. Laboratory study of gas permeability changes in rock salt during deformation[J]. International Journal of Rock Mechanics and Mining Sciences and Geomechanics Abstracts, 1992, 29(4): 325～342

166. 刘数华,冷发光,等.建筑材料试验研究的数学方法[M].北京:中国建筑工业出版社,2006

167. 郭向勇,冷发光,张仁瑜.对自密实混凝土渗透性能的探讨[J].建筑科学,2007(1):49～60

168. 沙庆林.高速公路沥青路面早期破坏现象与预防[M].北京:人民交通出版社,2001,3

169. 孙志勇,李小虎.基于渗水试验的沥青路面压实实时控制方法[J].交通标准化,2007(6):40～42

170. 刘元雪,蒋树屏,赵燕明.原状欠固结土的力学特性试验研究[J].岩石力学与工程学报,2004,23(增1):4409～4413

171. 陈剑玲,雷湘湘.渗水试验在沥青路面压实控制中的应用[J].西部探矿工程,2008(5):203～205

附图 1　煤矸石山坡面绿化

煤矸石大坡面

涵养水分

现场取样

栽植灌乔木

覆盖施工过程

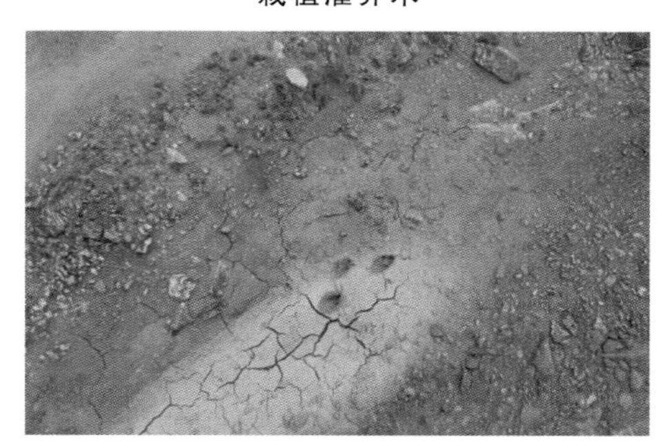

煤矸石山治理三年后的野兔踪迹

现场测定

坡面治理三年后植被——任重而道远

附图 2　阳泉煤矸石山常见绿化植被

臭椿（*Ailanthus altissima*）群落

紫穗槐（*Amorpha fruticosa* Linn.）群落

紫穗槐（*Amorpha fruticosa* Linn.）
豆科紫穗槐属，落叶灌木

臭椿（*Ailanthus altissima*）
苦木科臭椿属，落叶乔木

阿尔泰狗娃花（*Heteropappus altaicus*（Willd）Novopokr），菊科狗娃花属，多年生草本

灰灰菜(*Chenopodium album* Linn.)
藜科藜属,1年生草本

猪毛菜(*Salsola collina* Pall.)
藜科猪毛菜属,1年生草本

稗草(*Echinochloa crusgalli*(L.) Beauv.)
禾木科稗属,1年生草本

稗草(*Echinochloa crusgalli* (L.) Beauv.)茎秆

沙打旺
豆科黄芪属,多年生草本

虎尾草(*Chloris virgata* Sw.)
禾本科虎尾草属,1年生草本

狗尾草(*Setaria viridis* (L.) Beauv.)
禾本科狗尾草属,1 年生草本

地黄(*Rehmannia glutinosa* (Gaetn.) Libosch. ex Fisch. et Mey.),玄参科地黄属,多年生草本

狗牙根(*Cynodon dactylon* (Linn.) Pers.)
禾本科狗牙根属,多年生草本

鹅绒藤(*Cynanchum chinense*)
萝藦科鹅绒藤属,多年生草本

马唐(*Digitaria sanguinalis* (L.) Scop.)
禾本科马唐属,1 年生草本

画眉草(*Eragrostis pilosa*.)群落
禾本科画眉草属,1 年生草本

鬼针草(***Bidens pilosa*** **L.**)
菊科鬼针草属,1年生草本

苔草(***Carex tristachya***)
莎草科苔草属,多年生草本

马兰(***Kalimeris indica***)
菊科马兰属,多年生草本

黄花蒿(***Artemisia annua*** **Linn.**)
菊科蒿属,1年生草本

毛茛(***Ranunculus japonicus*** **Thunb.**)
毛茛科毛茛属,多年生草本

黄花蒿(***Artemisia annua*** **Linn.**)花序

猪毛蒿(*Artemisia scoparia* Waldst. et Kit.)
菊科蒿属,多年生草本或近1、2年生草本

荆条(*Angiospermae Dicotyledoneae* Vitex L.)
马鞭草科牡荆属,落叶灌木

猪毛蒿、黄花蒿幼苗

马齿苋(*Portulaca oleracea* L.)
马齿苋科马齿苋属,1年生草本

蒺藜(*Tribulus terrester* L.)
蒺藜科蒺藜属,1年生草本

荩草和紫穗槐

荩草(*Arthraxon hispidus* (Thunb.) Makino)
花穗禾本科荩草属,1 年生禾本

野生糜子(*Panicum miliaceum* L.)
禾本科黍属,1 年生草本

车前草(*Plantago depressa* Willd.)
车前科车前属,1 年生草本

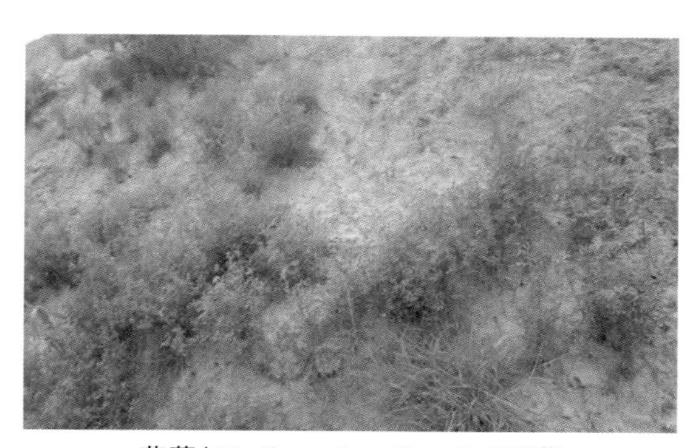

苜蓿(*Medicago lupulina* L.)群落

天蓝苜蓿(*Medicago lupulina* L.)种子

天蓝苜蓿(*Medicago lupulina* L.)
豆科苜蓿属,1 或 2 年生草本

野生糜子(*Panicum miliaceum* L.)
禾本科黍属,1 年生草本

紫花苜蓿(*Medicago sativa* L.)
豆科苜蓿属,多年生草本

反枝苋(人参苗)(*Amaranthus retroflexus* L.)
苋科苋属,1 年生草本

曼陀罗(*Datura stramonium* Linn.)
茄科曼陀罗属,草本或半灌木

曼陀罗(*Datura stramonium* Linn.)果实

牵牛花(*Pharbitis nil* (L.) Choisy)
旋花科牵牛属,1 年生缠绕草本

小飞蓬(*Conyza canadensis* (L.) Cronq.)群落
菊科白酒草属

小飞蓬(*Conyza canadensis* (L.) Cronq.)
菊科白酒草属,越年生或 1 年生草本

飞蓬(*Conyza canadensis* (L.) Cronq.)
菊科白酒草属

小飞蓬幼株

印加孔雀草(*Tagetes minuta* L.)
菊科孔雀草属,1年生草本

印加孔雀草植株

小飞蓬花序

印加孔雀草花序

印加孔雀草群落

胡枝子(*Lespedeza bicolor* Turcz.)
豆科胡枝子属,直立灌木

益母草(*Leonurus artemisia*(Laur.) S. Y. Hu F)花序

益母草(*Leonurus artemisia* (Laur.) S. Y. Hu F)
唇形科益母草属,1 年或 2 年生草本

紫花槐中的稗草(*Echinochloa crusgalli*(L.) Beauv.)
禾本科稗属,1 年生草本

小叶锦鸡儿(*Caragana microphylla* Lam.)幼株
豆科锦鸡儿属,灌木

华北米蒿(*Artemisia giraldii* Pamp.)
菊科蒿属,半灌木状草本

飞廉(*Carduus nutans* Linn.)
菊科飞廉属,2 年生或多年生草本

羊胡子草(*Carex rigescens*)
莎草科羊胡子草属,多年生草本

野老鹳草(*Geranium carolinianum* L.)
牻牛儿苗科老鹳草属,1 年生草本

野西瓜苗(*Hibiscus trionum* Linn.)
锦葵科木槿属,1 年生草本